水産学シリーズ

134

日本水産学会監修

有害・有毒藻類ブルームの予防と駆除

広石伸互・今井一郎
石丸　隆　編

2002・11

恒星社厚生閣

まえがき

わが国の沿岸水域においては，高度経済成長期以後，赤潮の発生件数が増大し発生水域も拡大した．それに伴い養殖魚介類の大量斃死が頻発するようになり，大きな漁業被害の発生も珍しくない状況である．また陸水域においても有毒アオコの発生が問題になっている．有害有毒藻類のブルームは，わが国に限らず，人間活動によって生じた水域の富栄養化に伴う世界的な現象の一側面であるといえよう．これらの被害を防止あるいは軽減するためには，水域の富栄養化を防ぐことが基本であるが，藻類のブルームを確実に予防あるいは防除する方法の開発も極めて重要である．それには生物的，化学的あるいは物理的な手法が考えられているが，実用化された例としては緊急避難的な粘土散布以外には見当たらない．赤潮の予防や駆除，あるいはアオコの制御に用いる技術は環境にやさしいことが重要であり，この要件を満たすものとして生物を用いた防除技術の開発が期待され，わが国においても現在活発に研究されている．また，隣国の韓国においても近年，養殖漁業の拡大に伴って赤潮による被害が深刻化しているが，その状況や対策についても知っておく必要がある．

そこで今回，赤潮やアオコ対策の問題点を整理し，対策技術の現状と将来についてまとめてみようと考え，日本水産学会水産環境保全委員会主催のシンポジウムとして，下記のものを企画した．

わが国における有害有毒藻類ブルームの予防と駆除：問題点と展望

企画責任者　広石伸互（福井県大生物資源）・今井一郎（京大院農）・石丸　隆（東水大）

開会の挨拶		石丸　隆（東水大）
企画の趣旨説明		広石伸互（福井県大生物資源）
I．予　防	座長	石丸　隆（東水大）
1．珪藻を用いた有害赤潮の予防		板倉　茂（瀬戸内海水研）
2．大型藻類と魚類の混合養殖による赤潮の発生予防		今井一郎（京大院農）
3．赤潮発生水域の拡大予防対策		本城凡夫（九大農）
4．有毒アオコの分子識別と予察への応用		幸　保孝（栄研化学） 吉田天士（福井県大生物資源）

広石伸互（福井県大生物資源）

Ⅱ．駆除対策

Ⅱ-1．生物的駆除　座長　広石伸互（福井県大生物資源）

5．殺藻ウイルスによる赤潮の駆除　長崎慶三（瀬戸内水研）

6．殺藻細菌による赤潮の駆除　吉永郁生（京大院農）

7．従属栄養性渦鞭毛藻類による赤潮生物の制御　中村泰男（環境研）

8．繊毛虫による赤潮生物の捕食制御　神山孝史（東北水研）

9．有毒アオコの対策技術　稲森悠平（環境研）

Ⅱ-2．その他の対策　座長　今井一郎（京大院農）

10．粘土散布による赤潮の駆除　和田　実（鹿児島水試）

11．Current situation of harmful algal blooms and mitigation strategies in Korean coastal waters　金　鶴均（韓国水産振興院）

Ⅲ．総合討論　座長　広石伸互（福井県大生物資源）
今井一郎（京大院農）
石丸　隆（東水大）

閉会の挨拶　広石伸互（福井県大生物資源）

シンポジウムは豊富な内容の発表と参加者の活発な議論により，充実感をもって無事に終了することができた．ここに感謝の意を表したい．本書はそれを取りまとめたもので，今後この分野で研究を進めて行こうとする研究者や，実用化を試みようとする方々のお役に立てば誠に幸いである．

最後に，本シンポジウムの開催にご協力いただいた平成 14 年度日本水産学会春季大会実行委員会とその関係の方々（近畿大学），および本書の校閲にあたりご尽力いただいた京都大学の左子芳彦博士に厚く感謝する次第である．

平成 14 年 8 月

企画者　広 石 伸 互
今 井 一 郎
石 丸 　 隆

有害・有毒藻類ブルームの予防と駆除　目次

Prevention and Extermination Strategies of Harmful Algal Blooms

Edited by Shingo Hiroishi, Ichiro Imai and Takashi Ishimaru

1．珪藻を用いた有害赤潮の予防

板　倉　　茂*

わが国の沿岸・内湾域において魚介類のへい死の原因となる有害赤潮は，その大半が，ラフィド藻や渦鞭毛藻などを主体とする鞭毛藻類によって引き起こされている．例えば，瀬戸内海における昭和45年から平成10年までの赤潮による漁業被害件数[1]をみると，漁業被害件数の9割以上が鞭毛藻赤潮によるものであることがわかる（図1·1）．一方で，現場水域において植物プランクトンの消長を季節的に観察した調査結果からは，鞭毛藻類が*Skeletonema*，*Chaetoceros*，*Thalassiosira* 等の珪藻類と競合関係にあることを示すパターンが多く報告されている[2, 3]．本章で紹介する珪藻類を用いた有害赤潮の予防法[4, 5]は，基本的に以上のような事実から発想されたものである．

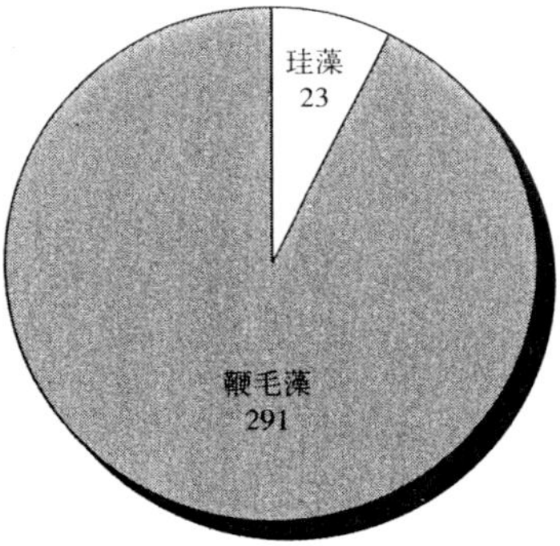

図1·1　瀬戸内海における赤潮構成種別漁業被害件数（昭和45年～平成10年）

珪藻類は，渦鞭毛藻類と並んで海域において非常に顕著に観察されるプランクトンであり，沿岸から外洋にいたる世界の海洋に広く分布することが知られている[6]．一般的には，海域における一次生産者として重要であると考えられており，魚介類養殖の現場においても餌料生物として用いられている[7]．また最近，沿岸・内湾域の海底泥中には鞭毛藻類の休眠期細胞（シスト）を遙かに上回る密度で珪藻類の休眠期細胞（休眠胞子・休眠細胞）が存在していることが明らかになってきており，珪藻類の出現・消失にこれらの休眠期細胞が大きな役割を果たしていることが示唆されている[8]．本章では，珪藻類と鞭毛藻類の休眠期細胞の生理生態的特徴を比較しながら，両者の競合関係を利用して有

* 独立法人 水産総合研究センター　瀬戸内海区水産研究所

害な鞭毛藻類赤潮を予防する方法の可能性と問題点について考察する．

§1．珪藻類を用いた赤潮の予防の可能性

1・1 珪藻類と鞭毛藻類の出現環境の違い

珪藻類を用いた鞭毛藻類赤潮予防の基本となる考えは，前述のように現場で観察される両者の競合関係を示すデータである．一般的に温帯域では，珪藻類と鞭毛藻類のブルーム出現（季節遷移）には一定のパターンが認められる[9, 10]．すなわち，春季および秋季～冬季には珪藻類のブルームが，夏季には鞭毛藻のブルームが起こる，という季節的な優占種の遷移パターンが観察される．このような植物プランクトンの季節遷移には，水温，塩分，光強度や生活史，栄養塩，捕食等の他発的（allogenic）あるいは自発的（autogenic）な要因が関与すると考えられている[11]．

Margalef ら[12]は珪藻類と鞭毛藻類の出現環境の違いを「Phytoplankton mandara」と呼ばれる図にまとめた．Phytoplankton mandaraには，海水中の栄養塩濃度（低栄養塩～高栄養塩）と擾乱の度合い（低擾乱～高擾乱）の組み合わせによって，それぞれの環境下で優占する植物プランクトンが異なり，珪藻類は高栄養塩・高擾乱の環境下で優占することが示されている．また，鞭毛藻類は低栄養塩・低擾乱あるいは高栄養塩・低擾乱の環境下で優占し，特に，高栄養塩・低擾乱の環境においては鞭毛藻類による赤潮が頻発することも図示されている．珪藻類による鞭毛藻赤潮の予防を考える上では，このような高栄養塩・低擾乱の環境において珪藻類を卓越させ，栄養塩を消費させること等によって鞭毛藻赤潮の形成を未然に防ぐことを念頭に置くべきであると考えられる[4, 5]．

通常，夏季には擾乱の程度は低く，沿岸・内湾域において水温成層が形成され，海水の表層においては栄養塩類が非常に低いレベルでしか存在しない状況にある．前述の Margalef らの Phytoplankton mandara にも示されているように，こういった状況下において遊泳能力をもたない珪藻類が優占することは稀であり，多くの場合は，遊泳能力を有し鉛直移動可能な *Chattonella* や *Gymnodinium*，*Heterosigma* 等の鞭毛藻類が優占する．さらに，このような低擾乱の条件下で表層海水中に栄養塩が比較的高いレベルで存在している場合

には，しばしば鞭毛藻赤潮が形成される結果となる．

しかしながら，現場で詳細な観察を行ってみると，夏季の間にも間欠的に珪藻類の短期間のブルームが発生し，その間は鞭毛藻類が減少するという現象が観察されることがある[2, 3]．

1·2 夏季における珪藻類ブルーム

通常は鞭毛藻類が卓越しやすい夏季において珪藻類の間欠的なブルームが発生する原因には，複数の要因が考えられるが，その一つとして大量の降雨に伴う河川水の大量流入があげられる．例えば，田中[13]による夏季（6～7 月）の広島湾における現場調査結果においては，太田川から大量の淡水流入が起こった直後に珪藻類のブルームが発生したことが示されている．河川水の大量流入が珪藻類のブルームに結びつく理由としては，河川水によって栄養塩類が補給される，あるいは，淡水の流入によって起こるいわゆる河口循環流（estuarine circulation）[14, 15]によって栄養塩を豊富に含む沖合の底層水が表層にもたらされる，ということが考えられる[16]．広島湾北部海域では，太田川によって引き起こされる河口循環流によって，河川流入量の平均 7 倍，最大 14 倍もの海水が南部海域から下層に流入してくると報告されており[16]，河川水の大量流入は短期的に非常に大きな海洋環境変化をもたらすものと推察される．前述の Phytoplankton mandara にあてはめれば，一時的に高栄養塩・高擾乱の状況が形成されることになり，河川水の大量流入によって珪藻類が卓越しやすい環境が準備されるものと考えられる．

一方，顕著な河口循環流は，珪藻類栄養細胞の増殖にとって好適な環境を提供するだけではなく，海底に存在する様々な植物プランクトンの種（たね）（休眠期細胞）を巻き上げ，表層に添加するという物理的効果ももつのではないかと推察される．もし，そのような効果が実際にあるとすれば，以下に述べる理由（休眠期細胞の生理・生態的特徴の相違）から，珪藻類の休眠期細胞がより速やかに発芽し，鞭毛藻類よりも多くの初期個体群が海水表層に添加されるであろうと判断できる．

1·3 休眠期細胞の生理生態的特徴

まず，表 1·1 に示したように，瀬戸内海を始めとする沿岸・内湾域の海底泥中には鞭毛藻類の休眠期細胞を遙かに上回る密度で珪藻類の休眠期細胞が存在していることがわかっている[8]．つまり，河口循環流によって海底泥の巻き上げが起こるとすれば，その時点で，珪藻類の休眠期細胞数の方が鞭毛藻類のそれを上回るものと判断される．

表 1･1　瀬戸内海の海底泥中における鞭毛藻類と珪藻類の休眠期細胞密度

種	細胞密度（細胞 / cm^3 wet sediment）
Raphidophyceae	
Heterosigma akashiwo	$5.6 \times 10^1 \sim 2.9 \times 10^4$
Chattonella spp.	$0 \sim 7.7 \times 10^2$
Dinophyceae	
Alexandrium spp.	$5.0 \times 10^1 \sim 1.3 \times 10^3$
Bacillariophyceae	
S. costatum	$8.0 \times 10^3 \sim 2.1 \times 10^6$
Chaetoceros spp.	$2.7 \times 10^3 \sim 6.6 \times 10^5$
Thalassiosira spp.	$3.7 \times 10^3 \sim 1.5 \times 10^5$

さらに，鞭毛藻類と珪藻類の休眠期細胞では，発芽に及ぼす水温の影響に大きな違いがあることが明らかになっている．*Alexandrium* や *Chattonella*, *Heterosigma* 等の鞭毛藻類の休眠期細胞においては，「temperature window」と呼ばれる，発芽に好適な温度域[17, 18, 19]が存在する．それに対して，珪藻類の休眠期細胞は，広い温度域で活発に発芽可能である[8]．例として図 1･2 に現場海底泥（広島県呉湾）から分離した *Stephanopyxis palmeriana*（珪藻類）と *Alexandrium tamarense*（渦鞭毛藻類）の休眠期細胞について発芽率の季

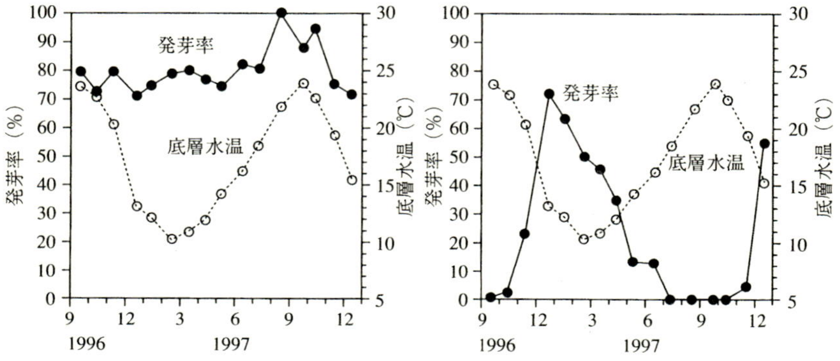

図 1･2　呉湾海底泥から分離した *Stephanopyxis palmeriana*（左）と *Alexandrium tamarense*（右）の休眠期細胞発芽率の季節変動

節変動を観察した結果を示した．それぞれの休眠期細胞を，現場から採取した当日にその時の底層水温と同じ温度条件で培養した結果，両者の発芽率が全く異なった季節変動パターンを示すことが明らかになった．すなわち，*S. palmeriana* の休眠期細胞が年間を通して常に高い発芽率を保ち，殆ど発芽率の季節変動が認められないのに対して，*A. tamarense* の休眠期細胞は顕著な発芽率の季節変動を示し，概ね水温が 15℃以下の時期にのみ，高い発芽率が観察されることがわかった．

また，発芽に及ぼす光強度の影響も，鞭毛藻類と珪藻類の休眠期細胞の間で異なることが報告されている．つまり，鞭毛藻類の休眠期細胞は非常に低い光強度，あるいは暗黒条件下でも発芽可能であるのに対して[20, 21]，珪藻類の休眠期細胞の発芽には概ね 1～10 μmol / m^2 / s 以上の光強度が必要である[8]．

最後に，休眠期細胞が発芽に好適な条件に置かれてから実際に発芽が完了し，栄養細胞が出現するまでの時間も，鞭毛藻類と珪藻類の間で異なることが報告されている．すなわち，鞭毛藻類のシストの発芽には数日～10 日程度が必要とされる[17]のに対して，珪藻類の休眠期細胞は概ね 1 日以内に発芽を完了する[8]．

上記のような休眠期細胞の生理生態的特徴の違いから，次のような想定が可能である．河口循環流によって海底泥の巻き上げが起きた場合，珪藻類休眠期細胞数の方が鞭毛藻類のそれより多く存在していること，巻き上げられることで珪藻類の発芽に充分な光強度の照射を受けること，また珪藻類がどのような温度条件下でも高い発芽率を示し，なおかつ速やかに発芽できるという特徴により，鞭毛藻類と比較して，より多くの珪藻類初期個体群が表層海水中に添加される．さらに，その時の環境が珪藻類の栄養細胞増殖に好適な条件（高栄養塩・高擾乱）になっていることから，珪藻のブルームが形成される．このような想定は，河川水の大量流入時だけではなく，夏季の台風襲来時などに起こる，強風による海水の鉛直混合の際にもあてはまると考えられる．夏季に観察される珪藻類の間欠的なブルームは，これらのような突発的な擾乱により，表層に栄養塩が供給されると同時に，珪藻類休眠期細胞の発芽～栄養細胞増殖の過程が促進された結果であると考えられる（図 1·3）．

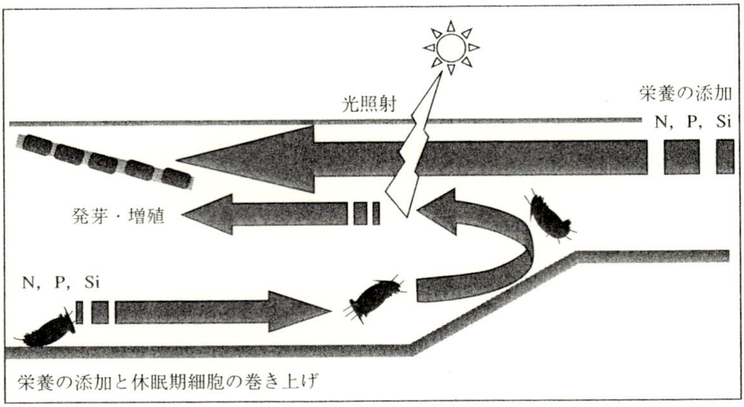

図 1·3　河川循環流による珪藻ブルーム形成に関する想定図

1·4　光照射による珪藻類休眠期細胞の発芽

ここで，有害な鞭毛藻類赤潮の発生を予防することを目的として，擾乱の程度が低い環境下で人為的に珪藻類のブルームを起こすための方法を考えた場合，まず困難であると思われるのが珪藻類初期個体群の添加であろう．初期個体群として必要な珪藻類を大量培養によって準備する，ということは，培養に必要な施設の規模とコストから考えても実現不可能であると考えられる．次に想定されるのは，現場海底泥中に多量に存在する珪藻類の休眠期細胞を利用するという方法であるが，人為的に擾乱を起こして休眠期細胞を巻き上げ，発芽を促進するのは困難であろう．しかしながら，比較的安定した環境下であっても，海底泥表面に光を照射すれば珪藻類休眠期細胞の発芽が促進され，海水中に珪藻類栄養細胞を添加可能ではないかという予想はできる．そのような可能性を確かめるために，筆者らはマイクロコズムを用いた室内培養実験を行った[8)]．

水温成層が形成された条件下で，海底泥に照射する光強度の違いが珪藻類休眠期細胞の発芽に与える影響を調べることを目的として，照射する光条件を変えた 2 基のマイクロコズム（図 1·4，透明アクリル製水槽，内径 0.2 m，高さ 2 m）の底部に現場海底から採集した海底泥を静置し，培養実験を行った．片方のマイクロコズム（明条件）には，上層に 4 本，下層に 4 本の白色蛍光灯で光を当てた（表層で約 32 μmol / m^2 / s）．もう一方のマイクロコズム（暗条件）には，上層 4 本の白色蛍光灯のみで光を当て（表層約 25 μmol / m^2 / s），さらに水槽の水面から約 25 cm 深までを残してそれ以下の部分をアルミホイルで遮光した．これにより，各マイクロコズムの底部に置いたそれぞれの試料泥に当たる光強度が異なるようにした（明条件：約 12 μmol / m^2 / s，暗条件：約 0.2 μmol / m^2 / s，明暗周期はどちらも 14hL-10hD）．

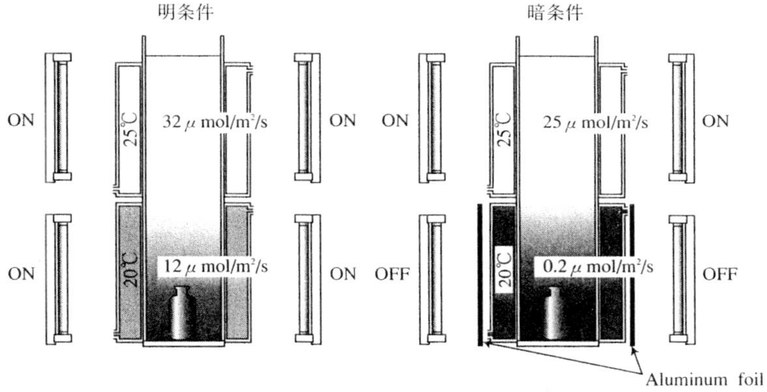

図 1·4　発芽実験に用いたマイクロコズム

また，マイクロコズム内に水温成層を形成させるため，水槽の上下を囲む透明アクリル製のジャケット（上部 2 個，下部 2 個）に，それぞれクーリングポンプで温度を調節した水を流し，水槽内の上下に温度成層（上層 25℃，下層 20℃）を形成させた．培地には，広島湾から採取した海水をグラスファイバーフィルター（GF/C）で濾過後，オートクレーブ（約 5 分間）した海水に栄養塩を添加（NO_3-N：20 μm，PO_4-P：1 μm）したものを用いた．

各マイクロコズムの底部には，500 m*l* のメディウム瓶に入れた 5 g の試料泥を暗条件下で静置して培養を開始した．なお，この試料泥は，現場から採取後約 6ヶ月間低温恒温庫（11℃の暗黒条件下）で保存した海底泥を暗所で分取し，滅菌濾過海水を満たした上述のメディウム瓶に入れ，冷暗所（11℃）で 12 時間以上静置して泥を完全に沈降させたものである．

暗条件のマイクロコズムにおいては，培養開始後 8 日目以降，まず鞭毛藻類が出現しはじめ，20日目には *Scrippsiella* sp.（渦鞭毛藻）が約 7.0×10^1 cells / m*l*，*Pseudopedinella* sp.（黄金色藻）が約 4.6×10^2 cells / m*l* の密度に達したが，珪藻類の出現は観察されなかった．一方，明条件のマイクロコズムにおいては，培養開始後 8 日目以降，珪藻類（*Chaetoceros* spp.）が出現し，14 日目には約 6.0×10^3 cells / m*l* の密度に達した．その後，14 日目以降には，繊毛虫や鞭毛藻類（*Scrippsiella* sp.）の出現も確認された[8]．

このように，温度成層を形成させたマイクロコズムによる室内培養実験によって，海底泥に約 0.2 μmol / m^2 / s 以下の弱光しか当たらない場合には珪藻類が発芽・増殖することができないが，少なくとも 12 μmol / m^2 / s 以上の強度の光を当てれば，水温成層が形成されていても表層水中に珪藻類が卓越してくることが明らかになった．この結果は，夏季に鞭毛藻類の赤潮が発生しやすいと考えられる，高栄養塩・低擾乱の条件の下でも，海底表面に約 10 μmol / m^2 / s 程度の光を照射することで珪藻類の栄養細胞を添加することが可能であることを示唆している．

海底に比較的強い光が照射されることによって珪藻類のブルームが起こるという現象については，現場海域においてもその可能性が指摘されている．すなわち，小泉ら[22]は，夏季の宇和海における急潮現象の詳細な観察を行い，次のような報告をしている．黒潮起源の暖水塊の侵入（急潮）により一時的に透明度が高くなり，海底表面に到達する光強度が約 50 μmol / m^2 / s 以上となった．その結果，海底泥中に存在する珪藻類休眠期細胞の発芽が促進され，さらに，急潮後に侵入する豊富な栄養塩を含む湾外起源の低温水が珪藻類栄養細胞の増殖を促進し，珪藻類のブルームが起こった．このような急潮による珪藻類のブルームは，宇和海で行われているアコヤ貝養殖の立場からみると，貝の餌が不足しがちな夏季に好適な餌料生物を供給する機構として捉えられている．また，近年急潮の発生頻度が以前より減少してきたことが，宇和海における夏季の鞭毛藻類赤潮発生増加と関係しているのではないかと推察されている．

以上のように，海底に光照射をすることで珪藻類ブルームの元となる初期個体群を添加できる可能性は高いものと判断された．すなわち，珪藻類を用いた有害赤潮の予防法において想定される珪藻類の添加方法としては，光ファイバー等を利用して海底に光を照射する（必要な光強度：10 μmol / m^2 / s 程度）という方法が考えられる．また，光を照射するタイミングとしては，夏季に水温成層が形成され珪藻類が減少した後に，弱い鉛直混合等によって海水中の栄養塩濃度が比較的高くなった時期，すなわち高栄養塩・低擾乱の条件が調った時であると考えられる．

前述のように，これまでにも現場においては鞭毛藻類と珪藻類の出現密度が逆相関を示す観察例が報告されている．適切なタイミングで人為的に珪藻類休眠期細胞の発芽を促し，鞭毛藻類が卓越する前に珪藻類を繁茂させることができれば，珪藻による赤潮予防を比較的環境負荷の小さな赤潮予防法として利用できる可能性があろう．

§2．珪藻類を用いた赤潮の予防の問題点

珪藻類を用いた赤潮予防を考える際，現時点での大きな問題点は，① 現場における光照射に要するコスト（使用する機器・必要な光の強さ・照射範囲），② 光を照射するタイミングを決めるための基準，③ 生態系への影響，等が考えられるであろう．これらのうち，①，② の問題点について検討するためには，比較的大きな規模での現場実験が必要とされよう．また，③ については，光照射による海底泥中に存在する他生物への影響を把握するとともに，より多くの植物プランクトンの休眠期細胞について，その休眠・発芽生理の解明が必要とされると考えられる．さらに近年，ある種の珪藻類による水産生物への悪影響（ノリの色落ち，貝毒等）が取りあげられることもあり，光照射によって出現する珪藻類の種に関する検討も必要とされよう．また，光照射によって添加された珪藻類がどのように増殖していくかを予測するためには，現場の水塊構造や流れといった物理的な要因とブルームの発生との関係を把握することも必要とされるであろう．いずれにしても現時点では，その実用に向けてクリアすべき課題は数多く残されているものと判断される．

文　献

1）瀬戸内海漁業調整事務所：別冊瀬戸内海の赤潮－漁業被害編－（昭和 45 年～平成 10 年），水産庁瀬戸内海漁業調整事務所，2000，112pp.

2）山口峰生：南西水研研報，27，251-394（1994）.

3）大塚弘之・萩平　将・吉田正雄・北角　至：有害赤潮の生態学的制御による被害防除技術の開発に関する研究　5ヶ年の研究報告書，南西海区水産研究所，1994，pp.71-76.

4）今井一郎・山口峰生・板倉　茂・長崎慶三・松山幸彦・内田卓志・神山孝史・板岡　睦・玉井恭一・本城凡夫・吉田正雄・大塚弘之・萩平　将：有害赤潮の生態学的制御に

よる被害防除技術の開発に関する研究　5ヶ年の研究報告書，南西海区水産研究所，1994，pp.153-165.

5）今井一郎：月刊海洋，27，603-612（1995）．

6）T. R. Parsons, M. Takahashi and B. Hargrave：生物海洋学 1．プランクトンの分布／化学組成（高橋正征・古谷　研・石丸隆監訳），東海大学出版会，1996，88pp.

7）科学技術庁資源調査所：海洋の微小生物－その開発と利用，恒星社厚生閣，1975，259pp.

8）板倉　茂：瀬戸内水研報，2，67-130（2000）．

9）E. G. Durbin, R. W. Krawiec and T. J. Smayda : Narragansett Bay（USA）. *Mar. Biol.*, 32, 271-287（1975）．

10）H. Nakahara : *Mem. Coll. Agric., Kyoto Univ.*, 112, 49-82（1978）．

11）T. J. Smayda : *In* "The physiological ecology of phytoplankton"（ed. by I. Morris）, Blackwell, Oxford, 1980, pp. 496-570.

12）R. Margalef, M. Estrada and D. Blasco : *In* "Toxic Dinoflagellate blooms"（ed. by D. L. Taylor and H. H. Seliger）, Elsevier, 1979, pp.89-94.

13）田中勝久：南西水研研報，28，73-119（1995）．

14）M. Rattray and D. V. Hansen : *J. Mar. Res.* 20, 121-133（1962）．

15）柳　哲雄：沿岸海洋学－海の中でものはどう動くか－．恒星社厚生閣，1989，154pp.

16）山本民次・芳川　忍・橋本俊也・高杉由夫・松田　治：沿岸海洋研究，37，29-36（2000）．

17）S. Itakura and M. Yamaguchi : *Phycologia*, 40, 263-267（2001）．

18）今井一郎：南西水研研報，23，63-166（1990）．

19）I. Imai and S. Itakura : *Mar. Biol.* 133, 755-762（1999）．

20）D. M. Anderson, C. D. Taylor and E. V. Armbrust : *Limnol. Oceanogr.* 32, 340-351（1987）．

21）I. Imai, S. Itakura, M. Yamaguchi and T. Honjo : *In* "Harmful Algal Blooms"（ed. by T. Yasumoto, Y. Oshima and Y. Fukuyo）, IOC-UNESCO, Paris, 1996, pp.197-200.

22）小泉喜嗣・西川　智・薬師寺房憲・内田卓志：水産海洋研究，61，275-287（1997）．

2．大型藻類と魚類の混合養殖による赤潮の発生予防

今　井　一　郎*

§1．赤潮の発生と対策の現状

わが国の沿岸水域においては，植物プランクトンを主とする原因生物の大量増殖と集積の結果，赤潮が頻繁に発生している．原因種と赤潮の規模によっては養殖魚介類の大量へい死を引き起こす等，水産上の大きな問題となる場合がある．赤潮はわが国だけでなく，世界各地の沿岸域にも多発し，広域化の傾向が認められる．これらの原因としては，1）先進国のみならず発展途上国における沿岸地域の産業発展と都市開発に伴う海域の富栄養化，2）養殖漁業の振興による自家汚染，3）魚介類の移植や船舶バラスト水等による有害有毒種の移動と広域化，等があげられている[1)]．

これまで赤潮の被害を軽減防止するために種々の対策が検討されてきたが，八代海において粘土散布による赤潮生物の凝集沈殿が緊急対策として行われているのを除き，経済性や生態系への影響等の問題から，実用化に至ったものは殆どない[2)]．赤潮の発生時には餌止めや生簀の移動のような，緊急避難的な措置がとられているのが通常である．

以上のような背景から，有効で安全な赤潮防除対策の確立が望まれている．農業分野では，環境に優しい害虫対策として生物的防除が以前から試みられているが[3)]，沿岸海域においても赤潮生物を殺滅する能力をもつ殺藻細菌や殺藻ウイルスを用いた赤潮の生物的防除が注目を集めている[4-6)]．実際にわが国の沿岸水域から殺藻ウイルスや多くの殺藻細菌が分離され，検討がなされてきている[7)]．筆者は，赤潮対策技術の切り札として殺藻細菌やウイルスの利用を検討してきたが，研究の過程において，沿岸の大型藻が繁茂する藻場海水中や海藻表面に多数の殺藻細菌が生息しているという事実を見出した[8)]．本稿においては，海水中の殺藻細菌の動態をまず紹介し，次に大型藻を用いた赤潮防除策，

---

* 京都大学大学院地球環境学（農学研究科兼担）

特に予防策としての可能性と将来展望について論じる．

§2．沿岸域における赤潮の発生および消滅と殺藻細菌の動態

現場海域で発生した赤潮の消滅過程における殺藻細菌の役割を知るためには，その動態を把握する必要がある．分離された殺藻細菌のうち，滑走細菌の仲間である *Cytophaga* sp. J18/M01 株と，γ-プロテオバクテリアの仲間である *Alteromonas* sp. S 株について抗体を作製し，1997 年夏季に播磨灘北部に設けた調査定点（NH3；水深約 20 m）におけるこれら殺藻細菌の時空間的変動を，赤潮生物とともに調べた結果[9]を図 2·1 に示した．表層（0.5 m），中層（10 m）および底層から採水を行い，総細菌数は DAPI（4'6-diamidino-2-phenylindole）染色と落射蛍光顕微鏡による直接検鏡法により，殺藻細菌の検出と計数は間接蛍光抗体二重染色法[9, 10]によった．

J18/M01 株型の細菌数は 7 月 14 日の中層で最高値（1.35×10^3 細胞 / m*l*）を示し，8 月 18 日の表層で再び高い値（9.9×10^2 細胞 / m*l*）を示した．一方，S 株型の細菌は今回 7 月 8 日の試料中で僅かに検出されたのみであった（表層 304 細胞 / m*l*，中層 76 細胞 / m*l*，底層 508 細胞 / m*l*）．以上のように，夏季の播磨灘の海水試料から比較的普通に J18/M01 株型の殺藻細菌が検出された．しかも，J18/M01 株はシャットネラだけでなく，他の植物プランクトンの増加後にそれを追いかけるように増加しているのが認められる．餌生物に特異性の低い広食性の J18/M01 株の特性がよく表れているといえる[11]．定点 NH3 は *Cytophaga* sp. J18/M01 株を分離した場所であることから[12]，本種はこの水域で夏季に普通に存在する殺藻細菌と考えられる．

図 2·1 の変動パターンをみると，総細菌数と J18/M01 株型殺藻細菌のパターンが似ていた．また細菌数の変動に対してクロロフィル *a* とフェオフィチンの合計量の変動パターンは，位相が前にずれた状態で変動しているようである．シャットネラの細胞数の最高値が 7 月 8 日の表層で観察されたのに対し，総細菌数と J18/M01 型細菌数の最高値がそれぞれ 7 月 14 日の中層で認められており，この関係は大変興味深い．1997 年は例年に比べてシャットネラの発生時期が 1ヶ月前後早かったため，採水期間中に現場でのシャットネラの変動を完全には把握できてはいないが，シャットネラの減少の直後に殺藻細菌のピーク

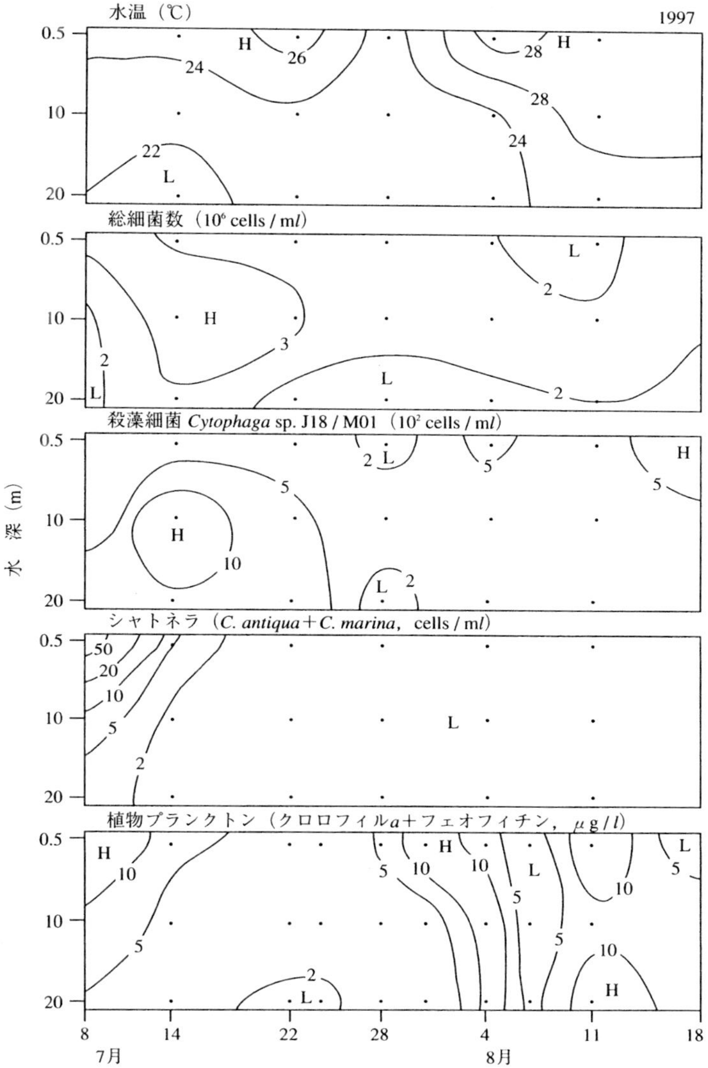

図2･1　1997年夏季の播磨灘の定点（NH3）における全細菌数，殺藻細菌 *Cytophaga* sp. J18/M01，シャットネラ細胞数（*C. antiqua*＋*C. marina*），およびクロロフィル *a* とフェオフィチン濃度の変動[9]．

が現れ，捕食者と被捕食者のような関係を示しているようである．このような現象は，広島湾におけるヘテロシグマ（*Heterosigma akashiwo*）赤潮と *H. akashiwo* 殺藻微生物の変動関係とよく似ている[13, 14]．以上のように，殺藻細菌と赤潮生物の動態は密接に連動しているといえよう．

§3．潮間帯藻場における殺藻微生物の動態

潮間帯藻場域における殺藻微生物の動態を調べるため，大阪府岬町沿岸に設けた定点において，1999 年 4 月～11月の間に原則として月 1 回，計 8 回，海水と，大型海藻のアオサ（*Ulva* sp.），マクサ（*Gelidium* sp.），ウミトラノオ（*Sargassum thunbergii*），タマハハキモク（*S. muticum*）の 4 種を採集した．海藻試料は滅菌海水の入ったメディウム瓶に入れ，手で 100 回強振し微生物を剥離浮遊させた後，孔径 0.8 μm の Nuclepore filter で濾過して細菌よりも大きい生物や他の粒子を除去し，MPN法を応用した殺藻微生物の計数に供した[15]．海水試料も孔径 0.8 μm のフィルターで濾過して殺藻微生物を同様に計数した．対象とした赤潮生物は，ラフィド藻の *Chattonella antiqua*，*C. marina*，*C. ovata*，*Fibrocapsa japonica*，*H. akashiwo*（893），*H. akashiwo*（IWA）の 5 種 6 株と，赤潮渦鞭毛藻の *Gymnodinium mikimotoi*，*Heterocapsa circularisquama* 各 1 株，計 7 種 8 株である．

海水試料における結果を図 2･2 に示した．藻場海水中には多数の殺藻微生物が生息していることが明らかになった．特に渦鞭毛藻の *G. mikimotoi* 殺藻微生物は 8 月 27 日に 4,300 / m*l* の最高値を示した．ラフィド藻では *F. japonica* 殺藻微生物が 430 / m*l* の値を示した．ヘテロシグマでは，株によって感受性が大きく異なり，IWA 株の方がより多くの殺藻微生物に敏感であった．該当する赤潮種による赤潮が，この藻場水域において発生していたわけではないのに，このように高密度の殺藻微生物が検出されたのは大変興味深いといえる．さらに，藻場で採取した海水に赤潮藻を添加して現場条件下で培養実験を行ったところ，1～2 日で赤潮生物は死滅し，この傾向は *G. mikimotoi* で顕著であることが判明している[16]．

海藻に由来する殺藻微生物の変動を図 2･3 に示した．強く振って剥離し，孔径 0.8 μm のフィルターで濾過した画分の殺藻微生物であるので，この結果は

ほぼ全て殺藻細菌と見なすことができよう．褐藻 2 種に比べて，緑藻のアオサと紅藻のマクサの表面に，より多くの殺藻細菌が付着していた．特に夏季に殺藻細菌密度は高い値を示した．とりわけ顕著であったのは 7 月 2 日のマクサであり，*F. japonica* 殺藻細菌が海藻 1 g（湿重）当たり127万もの記録的な高い値で検出された．この同じ海藻試料で，*G. mikimotoi* と *H. akashiwo*（IWA）

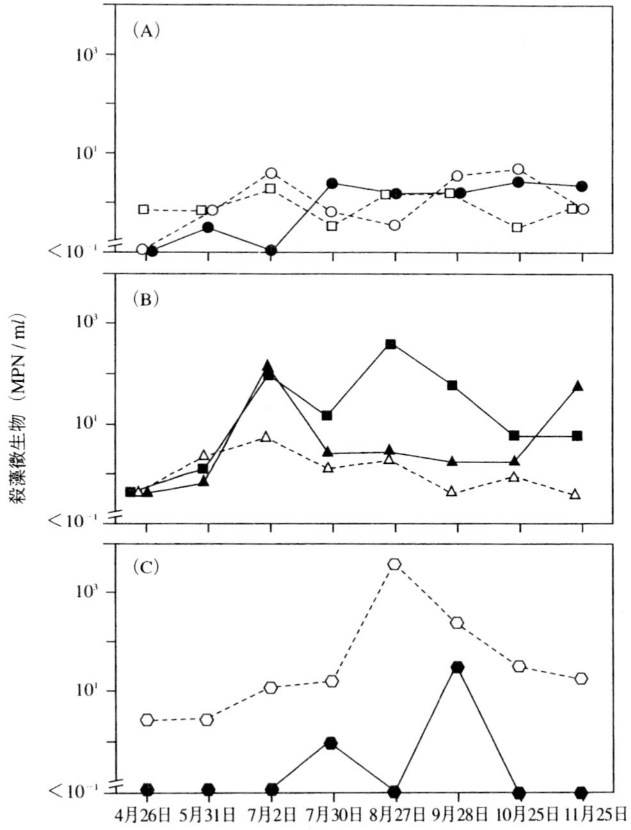

図 2・2　大阪府岬町沿岸の調査定点における潮間帯藻場海水中の殺藻微生物（キラー）の季節的変動[8]．A，□：*C. antiqua* キラー，○：*C. marina* キラー，●：*C. ovata* キラー．B，■：*Fibrocapsa japonica* キラー，△：*Heterosigma akashiwo* 893 キラー，▲：*H. akashiwo* IWA キラー．C，⬡：*Gymnodinium mikimotoi* キラー，⬢：*Heterocapsa circularisquama* キラー．

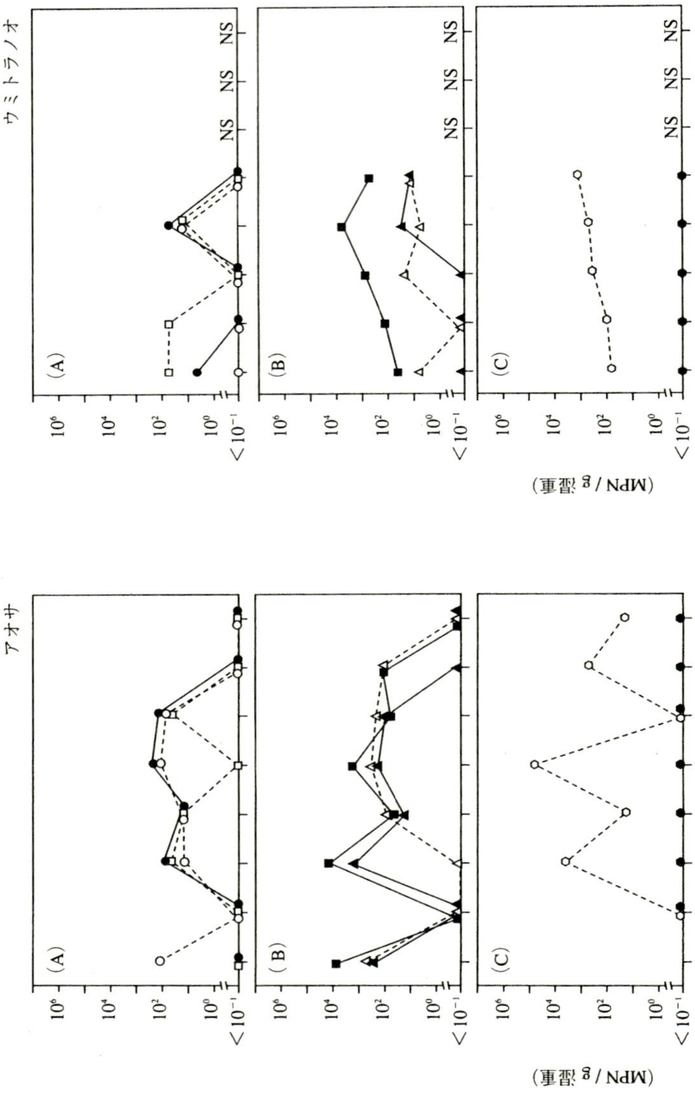
ウミトラノオ
アオサ
(A)
(B)
(C)
NS
10⁶
10⁴
10²
10⁰
<10⁻¹
(MPN / g 湿重)

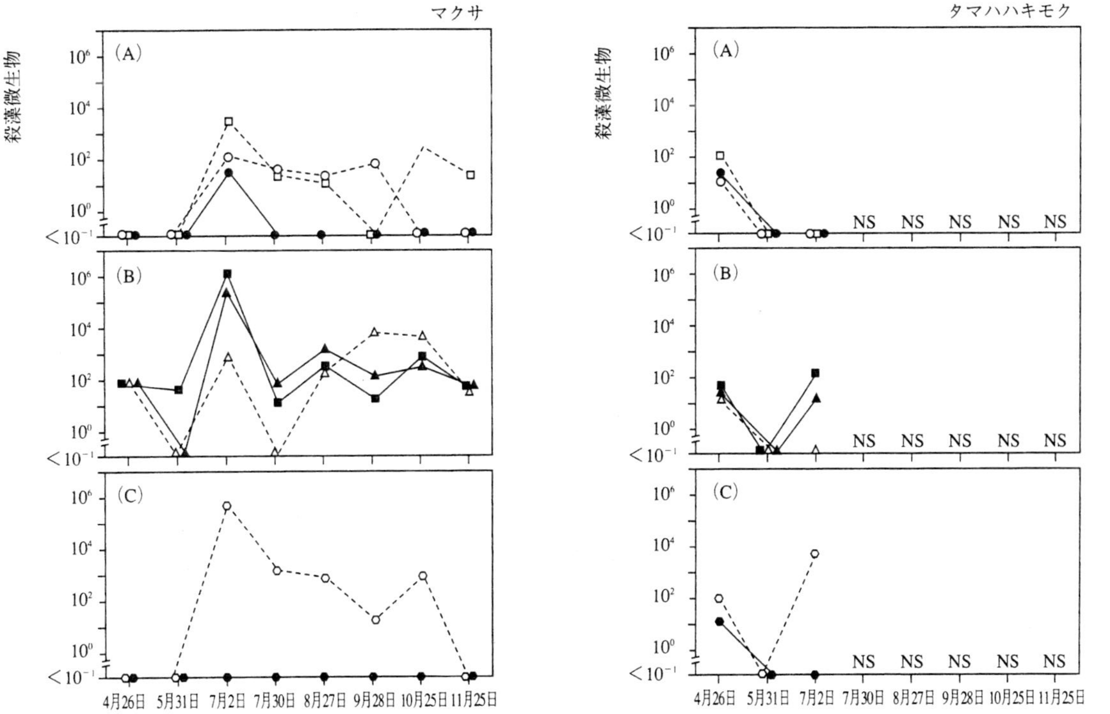

図2·3　緑藻アオサ（*Ulva* sp.），紅藻マクサ（*Gelidium* sp.），褐藻ウミトラノオ（*Sargassum thunbergii*），ならびにタマハハキモク（*S. muticum*）に付着していた殺藻微生物（キラー）の季節的変動[8]．A，□：*C. antiqua* キラー，○：*C. marina* キラー，●：*C. ovata* キラー．B，■：*Fibrocapsa japonica* キラー，△：*Heterosigma akashiwo* 893 キラー，▲：*H. akashiwo* IWA キラー．C，⬡：*Gymnodinium mikimotoi* キラー，⬢：*Heterocapsa circularisquama* キラー．NS：サンプリング不能．

に対しても数十万 / g（湿重）という高い計数値が得られている．アオサの場合でも数万 / g（湿重）程度の相当多数の殺藻細菌が計数された．全体的傾向としては，*G. mikimotoi*，*F. japonica*，*H. akashiwo*（IWA）が，より多くの殺藻細菌に殺滅された．これに対し，*H. circularisquama* は殺藻微生物に対して相当に強い抵抗性を示している．この結果は三重県英虞湾の海水における本種の殺藻微生物の調査報告[17]と同様であった．

一般的に大型藻の表面には数多くの細菌が付着していることが知られており，それらのうちのあるものは大型藻の病原菌として作用していることが報じられている[18, 19]．また大型海藻の分解過程においても細菌は重要な役割を果たしている[20]．細菌が大型藻に対して拮抗的あるいは阻害的に作用しても，大型藻にとっては一部分が損傷を受けるだけであるが，単細胞の微細藻類にとっては細菌による阻害的作用は致命的になり殺藻に及ぶと考えられる．かなり大胆な考え方であるが，殺藻細菌の元来の生息場所は藻場の大型藻の表面であり，赤潮が発生した場合，それらを海水中でも殺藻して有機物源として利用し増殖しているという可能性も考えられる．何れにしても，大型藻の表面から分離した殺藻細菌と，海水中から分離した殺藻細菌の種を比較することにより，この問題の解答が得られるであろう．

§4．大型藻を用いた赤潮の予防対策

以上述べてきたように，大型藻で構成される藻場海水中には高密度の殺藻微生物が普通に生息しており，さらに大型藻の表面には多数の殺藻細菌が付着していることが明らかになった．特に高温の夏季に生息可能なマクサとアオサに多く認められた．そこで，赤潮の予防的な防除を図る方策として，魚類養殖とマクサあるいはアオサを混合養殖するというアイデア[8, 21]が提案できる（図 2・4）．この場合，多くの殺藻細菌が，混養繁茂している海藻の表面から継続的に海水中へ剥離・浮遊し，赤潮原因種を含む微細藻類を攻撃すると予想される．このように殺藻細菌の大量供給源を対象水域に設けることによって，継続的に殺藻細菌密度を高く維持設定でき，それによって赤潮の発生する確率を引き下げることに繋がるであろう．このような用途に適しているのは，夏季に消失してしまわない海藻であり，換金可能な有用藻類（例えばヒジキ等）であればさ

らに好都合であろう．

特に，範囲の小さい閉鎖的内湾水域において試してみると，面白いデータが得られるかもしれない．因みにアオサに関しては，養殖魚介類の飼料化を目指し，アワビのみならずマダイやブリの有用魚類養殖の飼料として複合養殖が試みられており，その結果，魚類の成長と健康に比較的よい結果が得られているという[21]．さらには，成長した余剰の藻類は，それを餌として利用する貝類（アワビやサザエ）やエビ類を混合して養殖すれば処理可能であろうし[22]，経済的にも有利な面が生じるであろう．現時点で，赤潮の予防という観点で複合養殖の評価はなされておらず，この赤潮の発生予防という観点からの大型藻利用の研究は意義あるものと考えられる．

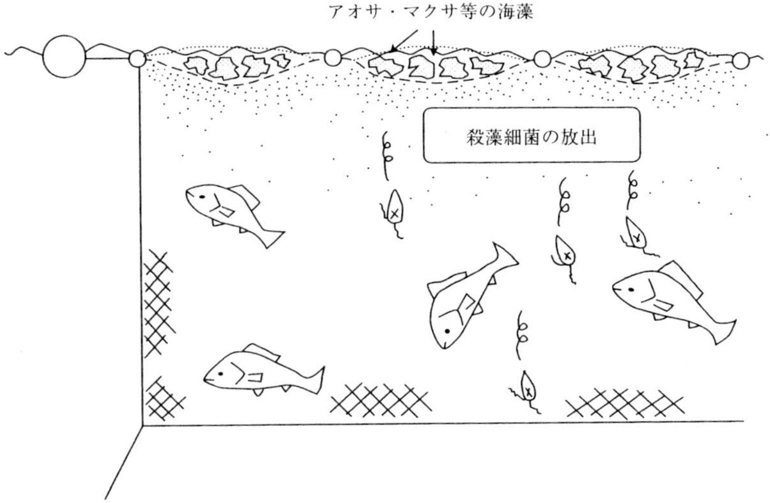

図2·4　大型藻類と魚類の混合養殖による赤潮の発生予防に関する概念図[8]．

§5．問題点と将来展望

赤潮の生物的防除を目指して，殺藻微生物を用いる場合には，1）対象となる赤潮生物への殺藻作用が高い特異性を示す，2）海域に自然に生息し水中で増殖能をもつ，3）他の魚介類や動物プランクトンに無害で安全性が高い，等が前提条件として必要である[23]．殺藻ウイルスを用いる際の条件として，これらに規模とコストを勘案することも必要と提言されている[24].

大型海藻と魚介類の複合養殖を行うことによって赤潮の発生予防を試みた場合，これらの条件の殆どを満足できると考えられる．また複合養殖によって，給餌の結果，海水へと負荷されたNやPを浄化しようという提案もなされている[21, 22]．いずれにしても，海藻はもともと海に生息しているものであり，将来的に赤潮の予防的防除に向けて実用化が可能となった場合，環境に極めて優しく，漁業生産者と消費者の両方に対し感覚的にもプラスのイメージがあり，究極的な対策になりうると予想される．

藻場は有用魚介類の生育場，産卵場として生態的に重要な場であり，積極的にコストをかけて藻場造成が人為的に試みられている．これまで述べてきたように，赤潮の発生予防を目指し，魚介類の海面養殖を藻類と複合的に行うことの有用性を提唱してきた．現時点では，実効性の現れる藻場の必要規模は不明であり，今後の検討課題であるが，藻場造成を大規模に進めることによって，沿岸域における赤潮の発生予防効果が格段に大きくなると予想される．高度経済成長時代に富栄養化が進んで赤潮発生が促進されたが，一方で浅海域の埋め立てや鉛直護岸の造成等によって藻場が大規模に失われ，その結果，赤潮の発生予防機能が消失してしまい赤潮の発生が増進された可能性も考えられよう．藻場造成による環境修復機能の回復を考えた場合，規模とコストの問題は克服可能になるであろう．さらには，自然海岸の回復を好ましい人間環境回復策の一環として位置付けた場合，経済的社会的に有効な公共事業の在り方も含め，多くの検討材料を提供することになるであろう．

赤潮の原因は第一義的には海域の富栄養化である．その富栄養化の進行はNやP等の負荷の人為的な増大によるものであり，世界の沿岸諸国に共通的に進行中の問題である．このような観点からいえば，人間活動の結果，自然の中では生じ得ない変動幅の海の変化が富栄養化を通じて起こっていることになり，赤潮は地球環境問題の一つと位置付けられるかもしれない．今回提案した藻類の利用は赤潮予防策の1つである．しかしながら，赤潮問題への取り組みも「Think globally, act locally」を旨とし，大規模事業体のみならず，各々の生活者も富栄養化の抑止に向けて水系への負荷の軽減に努力する必要があろう．

文　献

1）岡市友利：学術月報, 48, 134-139（1995）.
2）代田昭彦：月刊海洋, 24, 3-16（1992）.
3）高橋史樹：対立的防除から調和的防除へ, 農文協, 1989, 185pp.
4）石田祐三郎・菅原　庸（編）：赤潮と微生物－環境に優しい微生物農薬を求めて－, 恒星社厚生閣, 1994, 126pp.
5）石田祐三郎：*Microb. Environ.*, 13, 101-107（1998）.
6）今井一郎：化学工業, 50, 668-676（1999）.
7）今井一郎・吉永郁生：赤潮の予防と駆除, 微生物利用の大展開（今中忠行監修）, エヌ・ティー・エス, 2002, pp.881-888.
8）I. Imai, D. Fujimaru and T. Nishigaki : *Fisheries Sci.*, 68, in press.
9）I. Imai, T. Sunahara, T. Nishikawa, Y. Hori, R. Kondo and S. Hiroishi : *Mar. Biol.*, 138, 1043-1049（2001）.
10）K.A. Hoff : *Appl. Environ. Microbiol.*, 54, 2949-2952（1988）.
11）I. Imai, Y. Ishida and Y. Hata : *Mar. Biol.*, 116, 527-532（1993）.
12）I. Imai, Y. Ishida, S. Sawayama and Y. Hata : *Nippon Suisan Gakkaishi.*, 57, 1409（1991）.
13）I. Imai, M.-C. Kim, K. Nagasaki, S. Itakura and Y. Ishida : *Phycol. Res.*, 46, 139-146（1998）.
14）I. Yoshinaga, M.-C. Kim, N. Katanozaka, I. Imai, A. Uchida and Y. Ishida : *Mar. Ecol. Prog. Ser.*, 170, 33-44（1998）.
15）I. Imai, M.-C. Kim, K. Nagasaki, S. Itakura and Y. Ishida : *Plankton Biol. Ecol.*, 45, 19-29（1998）.
16）西垣友和・今井一郎：平成 13 年度日本水産学会春季大会講演要旨集, 827（2001）.
17）今井一郎・中桐　栄・永井清仁・長崎慶三・板倉　茂・山口峰生：南西水研研報, 31, 53-61（1998）.
18）絵面良男・山本啓之・木村喬久：日水誌, 54, 665-667（1988）.
19）D.B. Largo, K. Fukami, T. Nishijima, M. Ohno : *J. Appl. Phycol.*, 7, 539-543（1995）.
20）M. Rieper-Kirchner : *Bot. Mar.*, 32, 241-252（1989）.
21）平田八郎：養殖魚介類への飼料化, アオサの利用と環境修復（能登谷正浩編著）, 成山堂書店, 1999, pp.106-117.
22）平田八郎：養殖, 31, 60-64（1994）.
23）今井一郎：赤潮と微生物－環境にやさしい微生物農薬を求めて（石田祐三郎・菅原庸編）, 恒星社厚生閣, 1994, pp.67-76.
24）長崎慶三：*Microb. Environ.*, 13, 109-113（1998）.

3. *Heterocapsa circularisquama* 赤潮発生水域の拡大防止

本城凡夫*1・今田信良*1・永井清仁*2・
郷　譲治*2・芝田久士*3・長副　聡*1

1994 年，英虞湾において大規模な渦鞭毛藻 *Heterocapsa circularisquama* の赤潮が発生した際，被害から逃れるために養殖アコヤガイが隣接の五ヶ所湾へ海上輸送され，大量に垂下された．その数日後，五ヶ所湾でも本種の赤潮が発生したため，仕方なくアコヤガイを英虞湾に戻す過酷な作業を養殖業者は強いられた．猛暑も災いし，この作業による過労で 1 名の死者を出した．

五ヶ所湾では 1984 年以来，本城ら [1, 2] によって毎週，植物プランクトンの種類組成が観察され続けている．しかし，1994 年までに本種は記録されたことがない．1994 年の赤潮が五ヶ所湾では初めての発生であった．一方，西日本海域で発生した資料を整理してみると，各海域では共通して貝類養殖が営まれており，その分布の拡大が飛火的傾向にあるという特徴が判った．これは *H. circularisquama* の出現域，もしくは赤潮発生域の拡大が貝類の輸送によって生じているという仮説を支持しており，我々はまず仮説の実証を試みた．その結果，*H. circularisquama* は貝殻内で形態を変えて潜伏し，新たな海域に運ばれて定着しうることを明らかにした．これを受けて引き続き本種の発生初期の監視に関係する貝の殻開閉を電気応答で感知する技術並びに殻内に潜んでいる *H. circularisquama* 細胞の崩壊など分布拡大防止技術の開発を試みたので，以下に紹介する．

§1. *H. circularisquama* は貝の運搬によって分布を拡大 [3, 4]

熊本県楠浦湾から単離した *H. circularisquama* 株と英虞湾産アコヤガイ成貝を実験に用いた．約 9,000 細胞 / m*l* の *H. circularisquama* 懸濁液に上記の

*1 九州大学大学院農学研究科，*2 ミキモト真珠研究所
*3 熊本県立大学環境共生学部

貝を 10 分間暴露した．暴露した 4 個の貝を直ちにそれぞれのシャーレに採り，1，5，8 および 24 時間に分けて室温に放置した．この実験は貝の表面から流れ落ちる *H. circularisquama* 懸濁液に由来する本種の生残細胞数を見るもので，いわば貝を海上輸送する際に船倉に溜った海水中の *H. circularisquama* 細胞のその後の経過を見ることに相当する．シャーレ内に溜った海水中の細胞数は貝の個体が異なるので放置時間毎の値に差はあるが，24 時間後まで少数の遊泳細胞と多数の非遊泳細胞が存在した（図 3･1）．次に，同じ細胞密度の懸濁液に 5 個の貝を暴露した後，殻表面の水をよく切ってから各時間干出した後，貝をそれぞれ100 m*l* の海水に戻し，その中の細胞数とシャーレに直接出た少量の海水中の細胞数とを計測した．すなわち，これは殻の内外に存在している *H. circularisquama* の細胞数を示し，トラック輸送で運ばれる細胞数を仮想している．図 3･2 に示すように 8 時間後まで遊泳細胞が存在し，24 時間

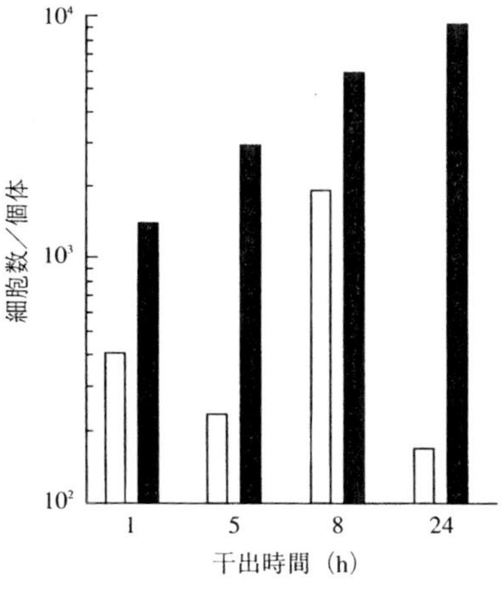

図 3･1　アコヤガイ殻内外から流出した海水中の細胞数．□：遊泳細胞，■：非遊泳細胞を示す．干出条件は温度 25℃，湿度 45～50％．

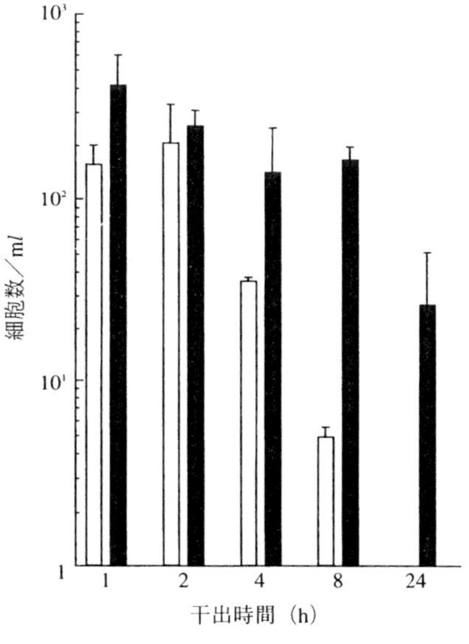

図 3･2　アコヤガイ殻表面および殻内に存在した細胞数．*H. circularisquama* 懸濁液から貝を取り出した後，殻表面の海水を可能な限り除去したが，一部は残る．グラフの表現と干出条件は図 3･1 に同じである．

後でも非遊泳細胞が 1 ml 当たり約 30 細胞が観察された．24 時間の干出でも非遊泳細胞が観察されることから，トラックで本種が運ばれる地域は相当に広範囲である．

表3·1

採集年月日	水域	現場細胞密度（細胞／ml）	貝中の細胞数（細胞／個）
アヤコ貝			
99.10.21	五ヶ所湾（2 年貝）		80,000
99.11.4	英虞湾（2 年貝）		80
99.11.25	英虞湾（2 年貝）	930	500～2,500
カキ			
99.10.20	広島湾（養殖）	10	200～500
99.10.31（4日干出）	英虞湾（イワガキ）		30
99.11.4	英虞湾（イワガキ）		30
99.11.4	岡山県日生町地先（養殖）		0
99.11.5	豊前海（養殖）		0
99.11.25	英虞湾（天然マガキ）	930	100～2,000

実験室内で暴露された貝の殻内外から出てくる *H. circularisquama* の非遊泳細胞はダルマ形，楕円形，球形など様々な形態に変化しており，これらの細胞を新鮮培地に接種すると，遊泳細胞へと短期日に回復することが確認された．現地（五ヶ所湾，英虞湾，広島湾）から送られてきたアコヤガイ，マガキおよびイワガキの中からも非遊泳細胞が多数検出された（表 3·1）．これらの室内実験と同様の形態に変化した非遊泳細胞は福岡湾の原海水中で遊泳細胞に回復した．さらに室内実験で，殻の中に残る非遊泳細胞数は貝への暴露細胞密度に正比例することが判った（図 3·3）．カキ，ア

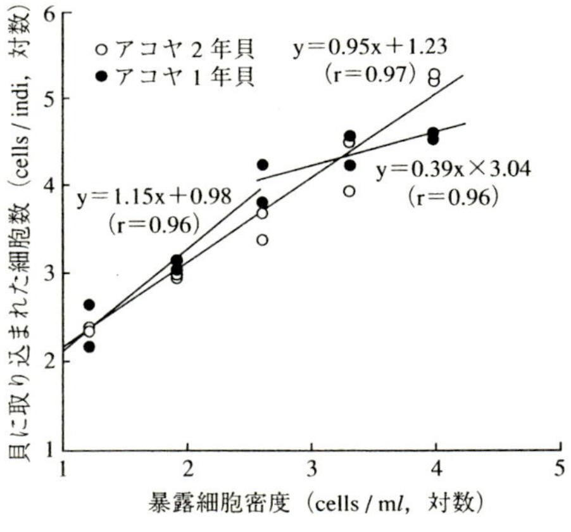

図 3·3　*H. circularisquama* の暴露細胞密度とアコヤガイ（1 年と 2 年貝）に取り込まれた細胞密度との関係．両軸は対数で示す．2 年貝では暴露細胞数の値の約 10 倍数値（個体当たりの細胞数）で取り込まれることが判る．

サリ等は増・養殖種苗として，アコヤガイは養殖母貝として，その他，避寒，避暑および避難のために国内各地の水域へ頻繁に運送されている．さらに，*H. circularisquama* は水温や塩分に対する耐性も非常に強いことから，貝の運搬によって目的地に運ばれて分布を拡大することを上記の結果は明示している．我々は現場から輸送されてきた貝の中から，珪藻類の *Skeletonema costatum* など多種類の植物プランクトンが吐き出されることも観察している．したがって，貝の運搬によって分布を拡大するのは *H. circularisquama* だけではない．ホタテガイの稚貝や成貝の輸送によって *Alexandrium* 属が他水域に移動するという報告もある[5, 6]．ところで，西日本各地で赤潮により多大な被害を与えている *Chattonella antiqua* や *Gymnodinium mikimotoi* の細胞は 4 時間以上のアコヤガイの干出で死滅するので，これらが貝の運搬によって分布を拡大することはなさそうである．

§2. *H. circularisquama* 発生の監視は分布拡大防止の一助

アコヤガイは低細胞密度であっても *H. circularisquama* を暴露すると殻を激しく開閉することがある．我々はこの開閉動作を電気的に測定することによって，*H. circularisquama* の初期発生を監視できないかと考えた．すなわち，筋電応答による監視システムの開発とストレインゲージ法による技術開発である．結果としていずれの方法も *H. circularisquama* に対するインパルス数が他種と異なり，分布拡大に対する早期諸対策が可能になると考えている．以下に両者の方法を説明する．

実験貝として英虞湾産養殖アコヤガイの成貝を用いた．実験に供する前にアコヤガイは 60 *l* の人工海水を入れた水槽中で飼育した．飼育条件は 20℃，30 ‰に設定し，濾過槽を通しながら海水を循環させた．他の植物プランクトンでも同じような応答が現れた場合，*H. circularisquama* 細胞存在有無の判定が困難になるため，*A. tamarense*，*A. catenella*，*C. antiqua*，*G. mikimotoi*（以上のプランクトンの暴露細胞密度範囲：100～800 細胞 / m*l*），*H. circularisquama*（10～50，800 細胞 / m*l*），*H. triquetra*（100～800 細胞 / m*l*），*H. akashiwo*，*Prorocentrum minimum* および *P. lutheri*（以上のプランクトンの暴露細胞密度範囲：1,000～50,000 細胞 / m*l*）の計 9 種を用いて応答の違いを調べた．

アコヤガイの行動影響は閉殻筋（貝柱）の筋電図を心電計で連続的に記録することにより調べた．電極には直径 0.2 mm の銀線を，また導線として直径 0.3 mm の銀線を用いた．銀線は電極の先端 8 mm 部を除き，チューブに通し，さらにその出入口をエポキシ樹脂で固め，絶縁した．また電極の先端 8 mm 部はノイズを抑えるために銀-塩化銀膜で被覆した．2 本の電極（＋極と－極）をアコヤガイ左殻の閉殻筋両端付近に穴を開けて挿入し，歯科用接着剤を用いて貝に固定した（図 3･4A）．

電極を装着したアコヤガイを，通気口と注水・排水口を有する円筒水槽内に入れた（図 3･4B）．水槽に GF/C でろ過した人工海水 1 *l* を注水し，弱い通気下で貝の筋肉電位変化を安定させた後，筋電応答を 30 分間記録し，これを対照とした．水槽内の細胞密度は実験を終了したプランクトン懸濁海水を排水し，新しいプランクトン懸濁液を注意深く注水して順次調製した．弱い通気により細胞を均一に懸濁し，各細胞密度における筋電応答を 30 分間記録した．電位測定は心電計を用いて行い，さらにそのデータをコンピューターに送り，市販ソフト（BioBench）を用いて保存した．実験は 20℃，暗条件下で行った．

H. circularisquama に対して，10 細胞 / m*l* で明らかにインパルスが増加し，さらに，25 細胞 / m*l* 以上では他種プランクトンでは計数されないような 16 回 / 30 分の高いインパルス数を示し，細胞除去率は低い値を示した．一方，*A. tamarense* の暴露実験において殻の開閉を示す筋電インパルスは 200 細胞 / m*l* 以上の暴露から記録され始め，30 分間のインパルス数は 200 細胞 / m*l* で11回，400 細胞 / m*l* で 20 回，800 細胞 / m*l* で 21 回であった．また *A. catenella* と *C. antiqua* に対して 200 細胞 / m*l* 以上でインパルス数は増加した．さらに，*H. akashiwo* に対しては，10,000 細胞 / m*l* と高密度でインパルスが多少増加した後，50,000 細胞 / m*l* の最初の 30 分間で一旦インパルスがなくなり，30～60 分の間では再び多くのインパルスが現れるという特異な変化が起こった．この変化は貝が 50,000 細胞 / m*l* 暴露の最初の 30 分間閉殻していたために生じたものである．*P. lutheri* に対しては，1,000 と 5,000 細胞 / m*l* 暴露で対照に比べインパルスが多少増加したが，さらに細胞密度を高くするとインパルス数は減少した．*P. lutheri* のように細胞密度を高めることによって，インパル

ス数が減少した原因は現在のところ不明である．*G. mikimotoi*，*H. triquetra* および *P. minimum* の各プランクトンに対しては，対照との間に大きな差は認められなかった．

上記の結果から，アコヤガイは *H. circularisquama* に対して他種プランクトンに比較して，かなりの低細胞密度から強い筋電応答を示すとともに他種プランクトン暴露では現われないインパルス数の増加を示した．よって，アコヤガイ閉殻筋の筋電インパルスの数を監視することにより，少なくとも *H. circularisquama* の発生を，海

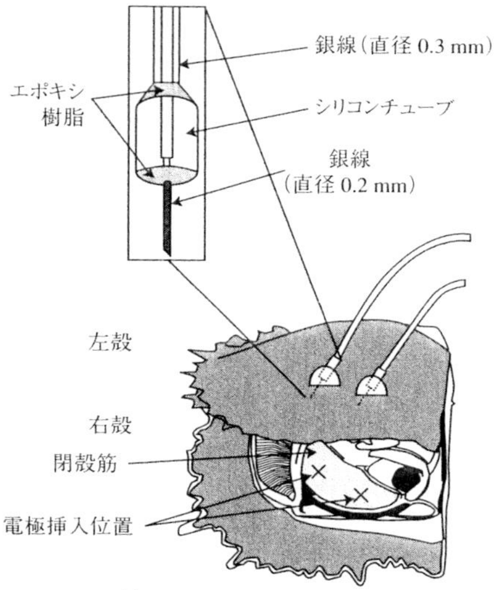

A）

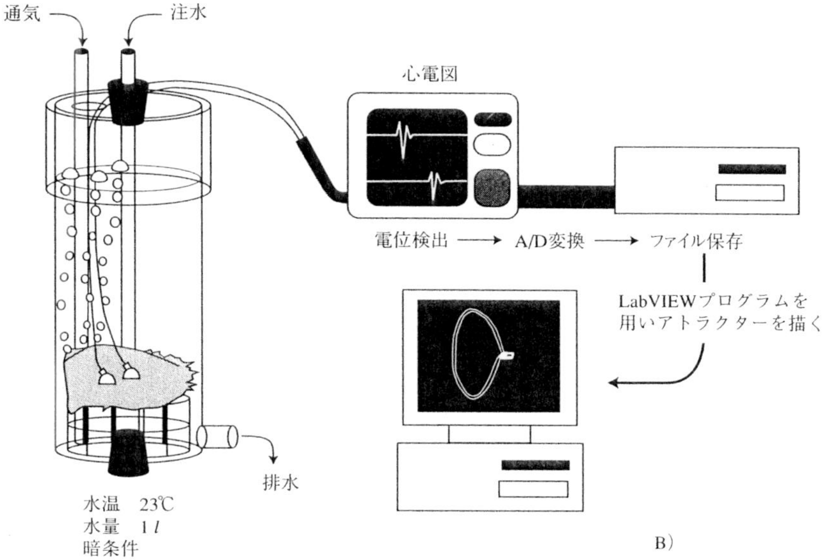

B）

図 3·4　（A）電極の拡大と電極の挿入位置．（B）筋電図の測定とデータの保存および加工過程．

水が着色する700細胞 / m*l*[7] やアコヤガイ稚貝が閉殻する50細胞 / m*l*[8] より低密度で，早期に出現を察知できることになる．

Uchida ら[9] や Matsuyama ら[10] によって，他種プランクトンと接触すると *H. circularisquama* は形態変化を起こしたり，他の要因で形態変化をすると貝への影響が消失することが判っている．そこで，現場により近い状態，つまり多種類のプランクトンが混合した培養条件下における *H. circularisquama* に対するアコヤガイの筋電応答の変化を調べた．特に，*G. mikimotoi* および *A. catenella* との各2者混合並びに *G. mikimotoi* および *Chaetoceros didymus* の3者混合実験を行った結果ではいずれも *H. circularisquama* 単独暴露の時とは大きく異なり，インパルス数の減少を生じた．これらの混合培養でのインパルス減少の理由は *H. circularisquama* が他種プランクトンと接触することにより細胞の形態変化を生じたり，*G. mikimotoi* 細胞が崩壊したためであると考えられる．このように，*H. circularisquama* が形態変化を起こすような，あるいは *G. mikimotoi* が共存するような状況下では残念ながら本種の発生を的確に筋電法では監視できない可能性を示唆している．

その後，筋電法は電極と閉殻筋との接触が短時日に不良になるという根本的な欠陥が明らかになった．そこで，長期間の測定が可能な方法としてストレインゲージ法[11] を検討した（図3·5）．その結果，歪計による時間当たりのインパルス数も筋電応答のインパルス数と同じであることが判明した．この方法は貝殻に装置を付けるため，貝の軟体部を傷つけることなく1ヶ月以上の観測を可能にし，一度に複数の貝の応答を記録できるという長所がある．しかし，装置の重さやバネの強さが貝の開閉運動を妨げ，閉殻筋の反応を鈍くする短所ももち合わせている．今後，*H. circu-*

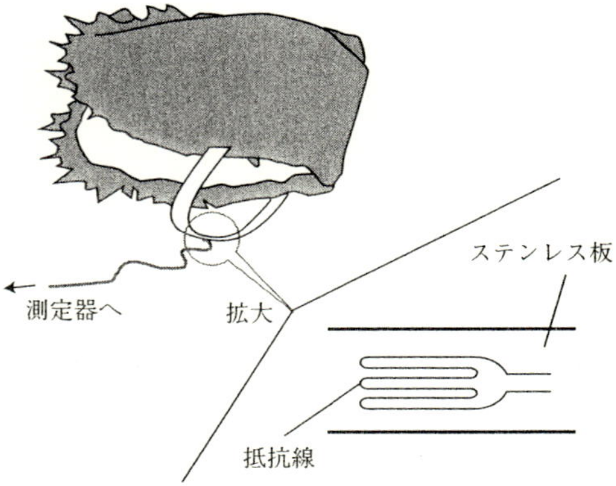

図3·5　ストレインゲージ法．殻の開閉に伴いステンレス板に取り付けられている抵抗線が歪むことにより，抵抗値が歪計で記録される．

larisquama の初期発生をより正確に監視するために，貝類の応答を利用した簡便で安定した赤潮監視技術の向上を図り，現場への実用化を早急に実現する必要がある．

§3. 分布の拡大防止は可能？

分布拡大の根本的防止対策は *H. circularisquama* 細胞を自分たちの海域にもち込まないことである．1994 年 12 月に愛媛県宇和海の漁業者が参集して開催された赤潮防御対策検討会議での決議文は *H. circularisquama* 分布拡大の防御対策として非常に的を得た項目を多数含んでいるので以下に決議の内容を掲載する．

決　　議

新型赤潮（ヘテロカプサ）の本県海域への侵入を未然に防ぐとともに，赤潮の発生や増殖を助長するような漁場環境を改善し，観測通報体制を整備して赤潮被害を最小限に食い止めるため，次の対策を真珠養殖業者並びに関係組織が一体となって真剣かつ早急に取り組むことを本日ここに決議する．

記

1．新型赤潮（特にヘテロカプサ）の侵入防御対策

①既に発生を見ている海域で養殖された稚母貝および黒貝の本県海域へのもち込みを，全面禁止する．

②現在は発生していないが，発生海域で養殖された貝が吊下されている海域で養殖された稚母貝および黒貝の本県海域へのもち込みを，全面禁止する．

③①および②の海域から，浜上げするための黒貝をもち帰った場合は，本県海域には吊下しないで，全て陸上で処理作業する．

④以上の措置を完全に実行するために漁協は，関係組合員に対する指導，監督を行うとともに監視体制を整備する．

⑤各地の情報を交換し，今後の対策を協議するための連絡会議を早急に設置する．

2．漁場環境の改善対策

①密殖を改善するための養殖個数の削減と，汚染防除のための対策を「宇和海を守り育てる推進会議」と一体となって早急かつ真剣に取り組む．

②赤潮の発生源のひとつである海底汚泥の実態を早急に調査し，その除去に取り組む．

3．赤潮観測通報体制等の整備

①漁場状態を常時観測し，観測結果の収集と解析を行って関係者へ迅速に通報する体制を早急に整備する．

②赤潮発生時の緊急避難漁場の設置を推進する．

平成6年12月22日

赤潮防御対策検討会

H. circularisquama の分布の拡大を防止するためには貝の殻中に入った細胞を体外へ完全に吐き出させて死滅させるか，外部からの作用で殻内の細胞を殺す方法が考えられる．我々は前者に対しては過酸化水素・低塩分海水併用処理法を，後者に対しては高温・低塩分海水併用処理法を試みた．

過酸化水素・低塩分併用処理の効果を確かめるために，1）次亜塩素酸ソーダを加えた後，pH を 8 に合わせて調整した塩素含有海水，2）30％過酸化水素水を加えて調製した過酸化水素含有海水，3）過酸化水素 200 ppm を含む塩分 14‰海水を作成した．*H. circularisquama* の遊泳細胞をこれら 1）～3）の海水で処理して細胞への影響を観察した．次いで，アコヤガイを 9,000 細胞 / m*l* の *H. circularisquama* 懸濁液に 5 分間暴露後，2 時間干出し，4）過酸化水素 200 ppm を含む塩分 15‰および 13‰海水および，5）過酸化水素 5,000 ppm 海水で 3 分間処理した後，新鮮海水に戻し，それぞれの海水中の本種細胞数を計測した．使用したアコヤガイ成貝はミキモト真珠研究所産である．

結果を順番に記す．1）残留塩素を含む海水では *H. circularisquama* は約 1 分後に遊泳を停止し，新鮮海水に戻すと翌日に遊泳した．2）過酸化水素含有海水でもすぐに運動を停止した．しかし，翌日に遊泳が回復することなく死亡した．3）200 ppm，14‰海水中で細胞は直ぐに運動を停止し，4 分後に破裂し始め，9 分後には全て崩壊した．4）200 ppm を含む塩分 15‰および 13‰海水で処理したアコヤガイは処理液中に大半の *H. circularisquama* を吐き出した．5）アコヤガイは過酸化水素 5,000 ppm 海水で 5 分間処理しても何ら傷害を受けなかった．以上の結果を総合して，過酸化水素・低塩分海水併用処理として次の操作手順が採用された．1）タンク内に塩分 14‰前後の希釈海水を入れ，市販の過酸化水素水を添加し，200 ppm に設定して攪拌する．2）輸送された貝を 3 分間液処理し，新鮮海水を入れた別のタンクに移す．3）貝を現場に移す．この方法による細胞の除去率はミキモト真珠研究所産では 100％であった．しかし，残念ながら熊本県産と南方産との交雑アコヤガイでは 94％の除去率にとどまった．恐らく，アコヤガイの高水温・低塩分耐性が貝の系統によって異なるためであろう．養殖業界がこの技術を使用するか否かは別にして，現場における理想的と思われる処理行程を図 3·6 に示す．

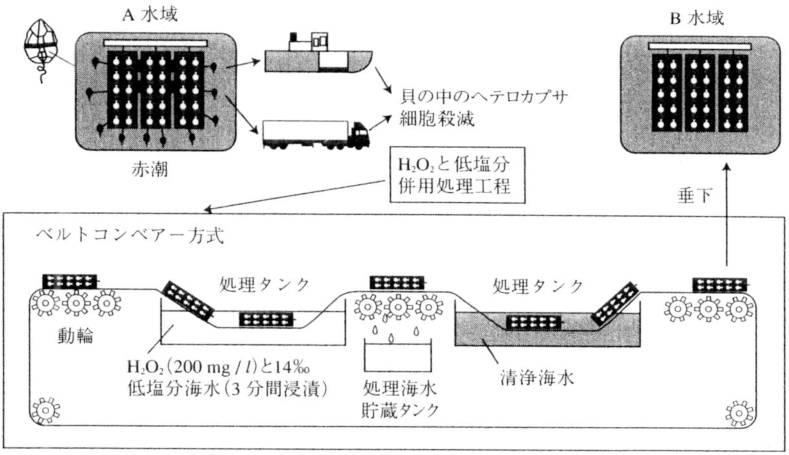

図 3·6　過酸化水素・低塩分海水併用法の理想的処理工程．A 水域での処理は輸送の間にへい死を招く恐れがあるため，ここでは B 水域に垂下する前の陸上でのベルトコンベアー方式を採用した．

一方，貝の中に入り込んだ *H. circularisquama* は 12‰，38℃の条件下で，2〜3 分間処理すると完全に死滅することが実験で確認された．この方法は過酸化水素・低塩分海水併用処理に比較して，化学物質を使用しないところに長所がある．確かに高水温・低塩分海水併用処理は貝の健康を損うことなく，殻の中に入り込んでいる細胞を効率よく死滅させる新技術である．しかし，大量の貝を処理するには大量の海水を 38℃に保つ必要があり，ボイラーを備えた特殊施設が必要となる．

有明海のノリ不作問題に絡んで有明海異変が叫ばれ，貝類の激減が注目された．国は緊急に覆砂事業とアサリの移植放流事業を推進した．*H. circularisquama* の出現する季節ではなかったが，アサリの供給海域は過去において発生したことがあり，安易なアサリの移植は分布の拡大につながる恐れもあるため，拡大防止の処置が検討された．実際に採用されたのは，過酸化水素・低塩分海水併用処理でも高水温・低塩分海水併用処理技術でもなく，貝を新鮮海水に長時間入れてプランクトンを吐き出させ *H. circularisquama*，細胞の有無を確認する技術であった．吐き出しが不完全であるため危険を含んでいるが，実に安価な分布の拡大を防止する検査方法ではある．この方法の採用に関して一部に反対の意見もあったが，*H. circularisquama* 細胞の分布拡大を防止するための国の行政指導に対し，関係県は無作為に採取したアサリを新鮮海水に入れて，吐き出される *H. circularisquama* 細胞を調べ，観察されないことを確認した上で放流を実行することを最終決断した．技術の実用化にはコストが大きく関係することを痛感した．検査方法の検討と合意に至る過程に著者の一人，本城が関係したこともあり，最後に検査に関する資料を紹介して終わることにする．

合意文書

海面養殖業高度化推進対策事業のアサリ放流における

ヘテロカプサ対策について

平成 13 年 9 月 7 日に福岡県水産海洋技術センターにおいて有明海 4 県の行政および研究機関担当者による対策会議を開催し，下記のヘテロカプサ検査方法について合意した．

アサリ殻内に混入する有害藻類ヘテロカプサの検査方法について

【基本的な考え方】

アサリに殻内の物体を吐き出させ，これにヘテロカプサの一時性シストが含まれているかチェックする．またそれと疑わしい物体については人工的に発芽処理し，真にヘテロカプサであるか確認を行う．

【ターゲット種について】

○ *H. circularisquama* 小型の渦鞭毛藻（細胞長 20×30 μm）

○ 種類の同定には殻板配列と鱗形の観察が必要であるが，特徴的な形態と動きにより他種と判別可能.

○ 環境の悪化により球形化, 休眠する. あたかも他の藻類で見られるシストのようだが, 環境条件の回復によりごく短期間 (1日) で遊泳細胞に戻るため, 真の意味でのシストと区別して「一時性シスト」と呼ばれる (以下, 便宜上単に「シスト」と呼ぶ).

【検査方法】(図3·7)

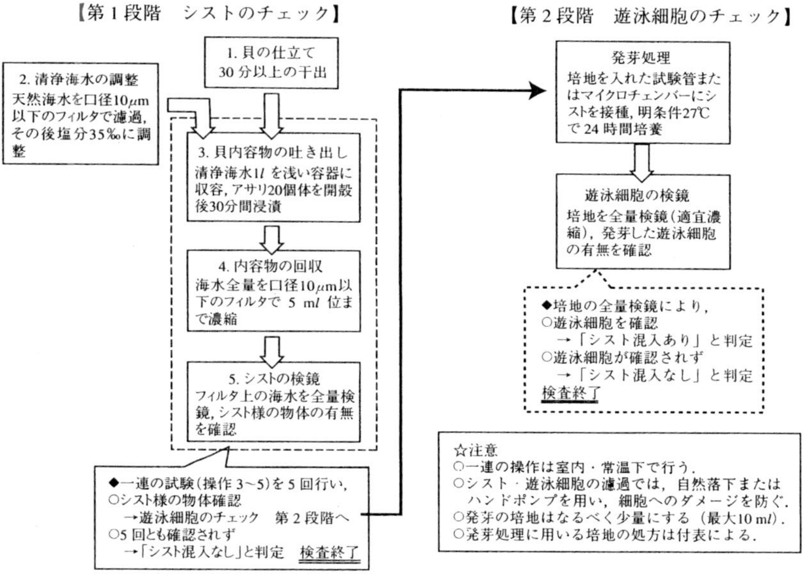

図3·7

○ ヘテロカプサのシストは他に似た物体も多く, 目視による判別は不可能であるため,
1) シストのチェック, 2) 発芽処理による遊泳細胞のチェックの2段階のチェックをかける.

○ 第1段階のチェックで疑わしい物体が確認されなければ, シストは混入していないものと判定できる. 疑わしいものが検出された場合についても, 第2段階のチェックで発芽が認められなければ, シストはフリーであると判断できる.

文　献

1) T. Honjo, M. Yamaguchi, O. Nakamura, S. Yamamoto, A. Ouchi, and K. Ohwada :

Nippon Suisan Gakkaishi, 57, 1679-1682 (1991).

2）内田卓志・本城凡夫・松山幸彦：日本プランクトン学会報，48，104-110（2001）.

3）T. Honjo, N. Imada, Y. Oshima, Y. Maema, K. Nagai, Y. Matsuyama, and T. Uchida : *In* "Harmful Algae"（ed. by B. Reguera, J. Blanco, M. L. Fernandez and T. Wyatt）, Xunta de Galicia and Intergovernmental Oceanographic Commission of UNESCO, 1998, pp.224-226.

4）N. Imada, T. Honjo, D. Kim, and Y. Oshima : *New Technol. & Med.*, 2, 264-267（2001）.

5）A. M. Scarratt, D. J. Scarratt and M. G. Scarratt : *J. Shellfish Res.*, 12, 383-388 (1993).

6）古畑和哉・柿野　純・福代康夫：日水誌，62，813-814（1996）.

7）松山幸彦，木村　淳，藤井　斉，高山晴義，内田卓志：南西水研報，30，189-207 (1997).

8）K. Nagai, Y. Matsuyama, T. Uchida, M. Yamaguchi, M. Ishimura, A. Nishimura, S. Akamatsu, and T. Honjo : *Aquaculture*, 144, 149-154（1996）.

9）T. Uchida T., S. Toda, Y. Matsuyama, M. Yamaguchi, Y. Kotani, and T. Honjo : *J. Exp. Mar. Biol. Ecol.*, 241, 285-299 (1999).

10）Y. Matsuyama, T. Uchida, and T. Honjo : *Mar. Ecol. Prog. Ser.*, 146, 73-80 (1997).

11）T. Fujii : *Bull. Jpn. Soc. Fish.* 43, 901 (1977).

4. 有毒アオコの分子識別と予察への応用

幸　保孝[*1, *2]・吉田天士[*1]・広石伸互[*1]

近年の活発な産業活動に伴い，過剰の窒素やリンなどを含む産業廃水や生活排水が湖沼を中心とした淡水域に流入し，水質の富栄養化を引き起こしている．この結果，水域に生息するラン藻が増殖し，アオコと呼ばれる現象が頻繁に観察されるようになった[1)]．アオコが発生した水域では，景観の悪化，悪臭や上水道における濾過障害などの弊害が生じている．その上，代表的なアオコの形成種である *Microcystis* 属ラン藻の中には，ミクロシスチンと呼ばれる環状ペプチドを生産する細胞が存在する[2)]．このミクロシスチンは，強い肝臓毒性[3)]と発ガンプロモーター活性[4)]を有するため，本属ラン藻によるアオコが発生した湖沼の水を飲んだ野生動物や家畜がへい死する被害が，世界中で多数報告されている[1)]．さらに，1996 年にはブラジルにおいて，ミクロシスチンを含む貯水池の水を腎臓透析用として使用したことが原因となり，60 人の透析患者が肝障害を引き起こして死亡するという事故が発生した[5)]．したがって，このようなラン藻による被害の防止は世界的規模で取り組むべき重大な問題であるが，これにはまず現場に生息する本属ラン藻の詳細な動態調査が必要である．そこで著者らは，免疫学的・分子生物学的手法を用いた *Microcystis* 属ラン藻の同定・検出法を開発したので紹介する．

§1. 免疫学的手法による *Microcystis* 属ラン藻の同定・検出法の開発

Microcystis 属ラン藻の属あるいは種の同定・検出は，群体の三次元的な形状の違い，細胞の直径，粘質体の有無などの形態学的な特徴を指標として行われている．しかし，これらの特徴は生育環境や培養条件などの外的要因の影響をうけて変化することから，本属ラン藻の同定・検出を困難なものとしている[6)]．さらに，群体形成が不十分，あるいは群体が崩壊してその形状を保持していな

*1 福井県立大学生物資源学部
*2 栄研化学株式会社

い藻体や，群体を形成せずに単独細胞の状態にある藻体を同定することは極めて困難である．このため，アオコを形成しない冬季や，アオコ発生以前，あるいはアオコ崩壊後の本属ラン藻の動態はほとんど解明されていない．*Microcystis* 属ラン藻の培養株について 16S rDNA を用いた系統解析[7-9]では，株間での相同性はいずれも 97%以上を示すことが報告され，さらに，種間，種内での DNA-DNA 相同性が 70%以上を示すという結果が得られた[11, 12]．これらの結果を細菌の種の分類基準に照らし合わせると，本属ラン藻は単一種で構成される可能性が非常に高いため，従来の属を指標とした本属ラン藻の同定・検出法の開発を行うことが妥当であると考えられる．そこで，本属ラン藻の細胞表面に結合する抗体を作製し，免疫学的手法を用いた同定・検出方法の確立を行った．

まず，本属ラン藻に特異的なモノクローナル抗体の作製を試みた．1×10^8 細胞 / 0.5 m*l* の *M. aeruginosa* NIES87，100 株，*M. viridis* NIES102 株，*M. wesenbergii* NIES111 株，*M. novacekii* TAC66 株，そして 5×10^7 細胞 / 0.5 m*l* の *M. aeruginosa* NIES298 株をそれぞれ，等量のフロイント完全アジュバントと混合して乳化させた．これを免疫原として，BALB / c マウス（4 週齢，メス）の皮下に隔週で 1 m*l* ずつ投与した．次に，免疫が成立したマウスの脾細胞とミエローマ細胞とをポリエチレングリコールを用いて細胞融合させ，その後，常法にしたがって，互いに異なる 6 株のハイブリドーマを樹立した．一方で，各 1×10^7 細胞 / 0.1 m*l* の本属無菌株（*M. aeruginosa* NIES87，89，90，98，100，298 株，*M. viridis* NIES102 株，*M. wesenbergii* NIES104，111，604 株）を，上記と同様に乳化したものを免疫原として，Wister ラット（4 週齢，オス）の皮下に隔週で投与し，抗血清 PM-2 を得た．なお，これらの抗体と *Microcystis* 属ラン藻との反応は，2 次抗体として，FITC（fluorescein isothyocyanate）で蛍光標識した抗マウス／ラット Ig G＋M 抗体を用いた間接蛍光抗体法で行った（図 4･1）．

Microcystis 属ラン藻 40 株と他属のラン藻培養株 7 株を用いて，これらの抗体の特異性を調べた結果，上で得られたモノクローナル抗体 MA-1，MV-1，MW-3 そして MN-1 の反応性は 16S rDNA を用いた系統解析のタイピング結果とほぼ一致することが明らかとなった[9]．しかし，いずれの抗体の反応性に

おいても，本属ラン藻の数株にしか陽性反応を示さなかったため，属特異的なモノクローナル抗体の作製は非常に困難であると考えられた．一方，抗血清抗体 PM-2 の特異性を調べたところ，3 株の *M. novacekii* 以外の本属培養株に対して陽性反応を示すことが明らかになった．また，PM-2 が陽性反応を示さなかった 3 株の *M. novacekii* は，先のモノクローナル抗体の反応性試験の結果から MN-1 が全て陽性反応を示している．さらに，これらの抗体は他属のラン藻に対して全く交差反応を示さなかった（表 4·1）．したがって，PM-2 と MN-1 が，*Microcystis* 属ラン藻を同定・検出するためのプローブとなりうることが明らかとなった．また，増殖段階や培養条件を変化させて培養した本属培養株に対する抗体の反応性をフローサイトメーターによって検討した結果，これらの抗体は常に高い反応性を示した．

表4·1　作製したモノクローナル抗体および抗血清の種々のラン藻に対する反応

属／種	株	反応性*1							16SrDNA
		MA-1	MV-1	MW-3	MN-1	MA-3	MA-4	PM-2	リボタイプ*2
M. aeruginosa	MES87	++	−	−	−	−	−	+++	1
M. ichthyoblabe	TAC91	++	−	−	−	−	−	+++	1
M. aeruginosa	NIES89	−	+++	−	−	−	−	+++	2
M. viridis	NIES102	−	+++	−	−	−	+++	+++	2
M. ichthyoblabe	TAC169	−	+++	−	−	−	−	+++	2
M. aeruginosa	TAC146	−	+++	−	−	−	−	+++	1
M. viridis	TAC92	−	+++	−	−	−	−	+++	2
M. wesenbergii	TAC38	−	+++	−	−	−	−	+++	2
M. wesenbergii	NIES104	−	−	+++	−	−	−	+++	3
M. wesenbergii	NIES105	−	−	+++	−	−	−	+++	3
M. wesenbergii	NIES108	−	−	+++	−	−	−	+++	3
M. wesenbergii	NIES110	−	−	+++	−	−	−	+++	8
M. wesenbergii	NIES111	−	−	+++	−	−	−	+++	3
M. wesenbergii	NIES112	−	−	+++	−	−	−	+++	3
M. wesenbergii	TAC52-1	−	−	+++	−	−	−	+++	3
M. wesenbergii	TAC57-1	−	−	+++	−	−	−	+++	3
M. novacekii	TAC65-2	−	−	−	+++	−	−	−	5
M. novacekii	TAC66	−	−	−	+++	−	−	−	5
M. novacekii	TAC75	−	−	−	+++	−	−	−	5
M. aeruginosa	NIES88	−	−	−	−	−	−	+++	6
M. aeruginosa	NIES90	−	−	−	−	−	−	+++	6
M. aeruginosa	NIES91	−	−	−	−	−	−	+++	6
M. aeruginosa	NIES98	−	−	−	−	−	−	+++	6
M. aeruginosa	NIES99	−	−	−	−	−	−	+++	6

属／種	株	反応性[*1]							16SrDNA リボタイプ[*2]
		MA-1	MV-1	MW-3	MN-1	MA-3	MA-4	PM-2	
M. aeruginosa	NIES100	−	−	−	−	+++	−	+++	4
M. aeruginosa	NIES101	−	−	−	−	−	−	+++	6
M. aeruginosa	NIES298	−	−	−	−	−	+++	+++	6
M. aeruginosa	NIES299	−	−	−	−	−	−	+++	6
M. aeruginosa	TAC157-2	−	−	−	−	−	−	+++	6
M. aeruginosa	TAC192	−	−	−	−	−	−	+++	6
M. ichthyoblabe	TAC48-1	−	−	−	−	−	+++	+++	6
M. ichthyoblabe	TAC51	−	−	−	−	−	−	+++	6
M. ichthyoblabe	TAC125	−	−	−	−	−	−	+++	6
M. viridis	TAC78	−	−	−	−	−	−	+++	6
M. wesenbergii	NIES106	−	−	−	−	−	−	+++	6
M. wesenbergii	NIES109	−	−	−	−	−	−	+++	6
M. wesenbergii	NIES604	−	−	−	−	−	−	+++	6
M. elabense	NIES42	−	−	−	−	−	−	−	
M. elabense	NIES42	−	−	−	−	−	−	−	
M. holsatioa	NIES43	−	−	−	−	−	−	−	
M. holsafica	NIES43	−	−	−	−	−	−	−	
Merismopedia tenuissima	NIES230	−	−	−	−	−	−	−	
Synechocystis sp.	PCC6803	−	−	−	−	−	−	−	
Synechocystis sp.	PCC6714	−	−	−	−	−	−	−	
Anabaena flos-aquae	NIES73	−	−	−	−	−	−	−	
Anabaena sp.	PCC7120	−	−	−	−	−	−	−	
Oscillatoria agardhii	NIES81	−	−	−	−	−	−	−	
Aphanizomenon flos-aquae	NIES204	−	−	−	−	−	−	−	

*1 100 細胞当たりの陽性細胞の割合：+++，70～100%；++，40～69%；+，10～39%；−，0～9%

*3 近藤ら[9]より引用

次に，福井県三方湖より採水した湖水に *Microcystis* 属の培養細胞を混合した疑似現場サンプルを用いて，免疫学的手法の定量性について検討を行った．まず，2000 年 6 月に採水した湖水を光学顕微鏡で観察したところ，*Microcystis* 属ラン藻の他に *Anabaena* 属，*Coelosphaerium* 属，*Merismopedia* 属，そして *Planktothrix* 属ラン藻の存在が認められた．また，この湖水に *Microcystis* 属培養細胞を混合せず，そのまま PM-2 と MN-1 を用いた間接蛍光抗体法に供した結果，4.0×10^2 細胞 / ml の *Microcystis* 属ラン藻が検出された．次に，疑似現場サンプル中の *Microcystis* 属ラン藻の定量を行った結果，3.20×10^3,

1.26×10^4，1.12×10^5，1.09×10^6 細胞 / m*l* の *M. aeruginosa* NIES 298 株を添加した疑似現場サンプルでは，定量値はそれぞれ 2.90×10^3，1.26×10^4，1.03×10^5，0.93×10^6 細胞 / m*l* と，添加した細胞数の 87 から 100％に相当する定量値が得られた（表 4･2）．これらの結果から，他属のラン藻が混在する現場試水に対しても，本法により *Microcystis* 属ラン藻を定量することが可能であると考えられ，さらに，本法を用いて現場試水中の *Microcystis* 属ラン藻の定量を行う場合，1 *l* の試水を採水するとすれば，少なくとも *Microcystis* 属細胞が試水中に 1 細胞 / m*l* 存在すれば定量できることが示された．

表 4･2　免疫学的同定法による疑似現場サンプル中の *Microcystis* 属ラン藻の定量

細胞密度（細胞 / m*l*）		b／a×100（％）
添加した培養細胞 (a)	抗体による定量値 (b)	
3.20×10^3	$(2.90\pm0.64)\times10^3$	90
1.26×10^4	$(1.26\pm0.04)\times10^4$	100
1.12×10^5	$(1.03\pm0.07)\times10^5$	93
1.09×10^6	$(0.93\pm0.32)\times10^6$	87

§2.　ミクロシスチン生合成系遺伝子を標的とするプライマーを用いた有毒 *Microcystis* 属ラン藻の識別定量法の開発

Microcystis 属ラン藻の中には，ミクロシスチンを生産する株と生産しない株が存在するが，従来の同定法では有毒 *Microcystis* 属ラン藻を明確に識別することが不可能であり，環境中における有毒ラン藻の詳細な動態は不明なままとなっている．肝臓毒ミクロシスチンは，D-Ala-X-D-β-MeAsp（D-β-methylaspartic acid）-Y Adda（3-amino-9-methoxy-2, 6, 8, -trimethyl-10-phenyldeca-4, 6-dienoic acid）-D-Glu-Mdha（*N*-methyldehydroalanine）というアミノ酸配列を有する，7 員環のペプチド化合物である．また，X，Y は L-アミノ酸であり，このアミノ酸の組合せの違いなどにより約 50 種類が同定されている．また，ミクロシスチンの毒性は X，Y のアミノ酸の違いなどによって異なることも明らかとなっている[1]．先に記したように，従来の形態学的同定法では有毒 *Microcystis* 属ラン藻を明確に同定・検出することができない．また，16S rDNA や ITS 領域[10]を用いた系統解析においても，各クラス

ター内に有毒株と無毒株が混在しており，有毒 *Microcystis* 属ラン藻の分子マーカーとしてこれらの遺伝子を用いることは難しいと考えられる．しかし，近年，それまで全く不明であったミクロシスチンの生合成に関与する遺伝子が解明された[13]．そこで著者らは，このミクロシスチン生合成系遺伝子を標的とするプライマーを用いて PCR 法による有毒 *Microcystis* 属ラン藻の識別定量法の開発を行ったので紹介する．

有毒株 5 株からクローニングされたミクロシスチン生合成系遺伝子の module3 領域についてマルチプルアライメントを行い，本領域の一部 971bp を増幅可能なプライマー，M3C を設計した．次に，本プライマーの特異性を，有毒株 26 株，無毒株 15 株を用いて PCR 法によって調べた．その結果，有毒株の 80%から本遺伝子の増幅産物が得られ，これらの株は少なくとも，アミノ酸 X にロイシン，Y にアルギニンを有するミクロシスチン LR を生産する株であった（表 4·3）．本毒素はミクロシスチンの中でも最も毒性が高いので，未知量のターゲット遺伝子を既知量の人工 DNA 断片（コンペティター）の共存下で PCR を行い，増幅産物量の比からサンプル中のターゲット遺伝子のコピー数を定量する競合的 PCR 法[14]を用い，有毒 *Microcystis* 属細胞の定量化を試みた．

表 4·3　ミクロシスチン生合成遺伝子を標的とする M3C プライマーの特異性

種	株	ミクロシスチン*1			M3Cプライマー*2
		LR	RR	YR	
M. aeruginosa	NIES88	+	+	+	+
M. aeruginosa	NIES89	+	+	+	+
M. aeruginosa	NIES90	+	+	+	+
M. aeruginosa	TAC60	+	+	+	+
M. aeruginosa	TAC61	+	+	+	+
M. aeruginosa	TAC69	+	+	+	+
M. aeruginosa	TAC70	+	+	+	+
M. aeruginosa	TAC80	+	+	+	+
M. aeruginosa	TAC87	+	+	+	+
M. aeruginosa	TAC109	+	+	+	+
M. viridis	NIES102	+	+	+	+
M. viridis	TAC44	+	+	+	+
M. viridis	TAC45	+	+	+	+
M. viridis	TAC78	+	+	+	+
M. viridis	TAC92	+	+	+	+

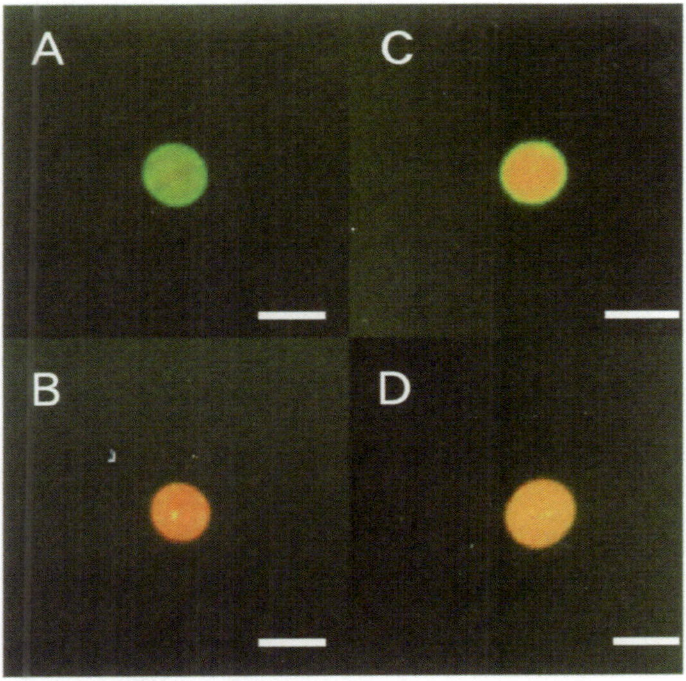

図4･1　*Microcystis* 属細胞のB励起光下で観察した蛍光顕微鏡写真.
スケール＝5 μm．A，抗血清 PM-2 を反応させた *M. aeruginosa* NIES298株；B，ラット正常血清を反応させた *M. aeruginosa* NIES298 株（ネガティブコントロール）；C，モノクローナル抗体 MN-1 を反応させた *M. novacekii* TAC66 株；D，ミエローマ培養上清を反応させた *M. novacekii* TAC66 株（ネガティブコントロール）.

種	株	ミクロシスチン*1			M3Cプライマー*2
		LR	RR	YR	
M. ichthyoblabe	TAC125	+	+	+	+
M. aeruginosa	TAC192	+	+	−	+
M. aeruginosa	TAC95	+	−	+	+
M. aeruginosa	NIES298	+	−	−	+
M. wesenbergii	TAC38	+	−	−	+
M. aeruginosa	NIES91	−	+	+	−
M. aeruginosa	NIES99	−	+	+	−
M. aeruginosa	NIES101	−	+	−	−
M. aeruginosa	TAC65	−	+	−	−
M. aeruginosa	NIES98	−	−	+	−
M. aeruginosa	NIES100	−	−	+	−
M. aeruginosa	NIES44	−	−	−	−
M. aeruginosa	NIES87	−	−	−	−
M. aeruginosa	NIES299	−	−	−	−
M. aeruginosa	TAC48	−	−	−	−
M. aeruginosa	TAC110	−	−	−	−
M.ichthyoblabe	TAC91	−	−	−	−
M. wesenbergii	NIES105	−	−	−	−
M. wesenbergii	NIES106	−	−	−	−
M. wesenbergii	NIES108	−	−	−	−
M. wesenbergii	NIES109	−	−	−	−
M. wesenbergii	NIES110	−	−	−	−
M. wesenbergii	NIES111	−	−	−	−
M. wesenbergii	NIES112	−	−	−	−
M. wesenbergii	NIES604	−	−	−	−
M. wesenbergii	TAC85	−	−	−	−

*1 藻体抽出液をHPLCにて測定

*3 ＋，PCR産物を検出；－，検出されず

まず，M3Cプライマーを用いたPCRによって得た，971bpの増幅産物の3'末端を約200bp削除し，これにリバースプライマーの相補配列を結合させて，M3Cプライマーで増幅可能なコンペティターc771を作製した．次に，既知量のc771を各細胞密度の有毒*Microcystis*属の細胞ペレットに添加し，DNAの抽出を行ない，これを鋳型としてPCRを行った（図4･2）．得られたc771と有毒株のmodule3由来の各産物の相対量をデンシトメーターで測定し，添加したコンペティターのコピー数に対するPCR産物の量比の対数プロットから有毒細胞数を算出した．1.00×10^4，1.20×10^5，1.40×10^6 細胞の有毒株に

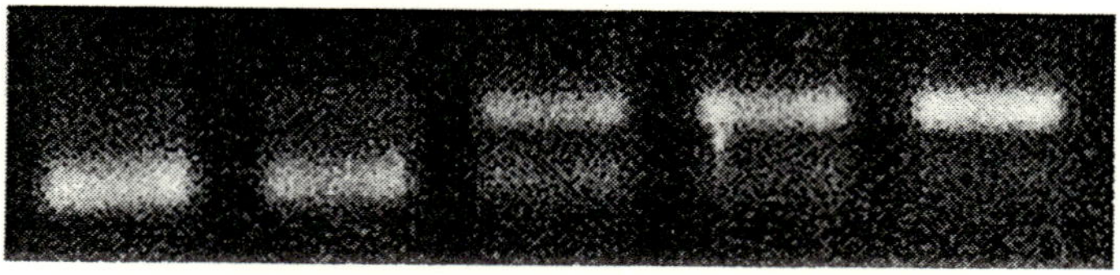

図4·2　1×10^5 細胞の有毒 *Microcystis* 属細胞より抽出した DNA を鋳型として用いた，競合的 PCR 産物の電気泳動写真．1%アガロースゲルを用いて電気泳動後，エチジウムブロミドで染色．左から 1×10^6 コピー，5×10^5 コピー，1×10^5 コピー，5×10^4 コピー，1×10^4 コピーの c771 を混合した．

対し，競合的 PCR 法では，それぞれ 1.26×10^4，1.04×10^5，1.00×10^6 細胞と，予め設定した細胞数にほぼ等しい定量値が得られた（表4·4）．

次に，免疫学的同定・定量法の開発に関する検討と同様に，疑似現場サンプルを作製し，本サンプル中の有毒 *Microcystis* 属の定量を行った．まず，三方湖より採水した湖水に培養細胞を添加せず，そのまま M3C プライマーを用いた競合的 PCR に供したところ，この湖水から有毒 *Microcystis* 属は検出されなかった．次にこの湖水にミクロスチンを生産する培養細胞を添加し，同様に競合的 PCR に供した結果，1.15×10^4，1.17×10^5，0.97×10^6 細胞 / m*l* の有毒株を含む疑似現場サンプルから，それぞれ 0.96×10^4，1.10×10^5，$0.87\times$

表4·4　競合的PCR 法による有毒 *Microcystis* 属培養株の定量

細胞数		（計算）効率
初期細胞数（a）	PCR 法による定量値（b）	b／a×100（%）
1.00×10^4	$(1.26\pm0.06)\times10^4$	126
1.20×10^5	$(1.04\pm0.03)\times10^5$	87
1.40×10^6	$(1.00\pm0.05)\times10^6$	72

表4·5　競合的 PCR 法による疑似現場サンプル中の *Microcystis* 属ラン藻の定量

細胞密度（細胞 / m*l*）		（計算）効率
添加した培養細胞（a）	定量値（b）	b／a×100（%）
1.15×10^4	$(0.96\pm0.03)\times10^4$	87
1.18×10^5	$(1.10\pm0.06)\times10^5$	94
0.97×10^6	$(0.87\pm0.09)\times10^6$	90

10^6 細胞 / m*l* と，設定した細胞数の 87～94％にあたる計測値が得られた（表 4･5）．したがって，M3C プライマーを用いた競合的 PCR 法によって，有毒 *Microcystis* の定量が可能となった．

§3. 現場水域中の *Microcystis* 属の定量の試み

2000 年 4 月から 2001 年 2 月まで，福井県西南部に位置する三方湖に設定した定点の表層および水深 1 m 層から採水を行い，開発した分子生物学的同定・検出法を用いて *Microcystis* 属細胞の定量を試みた．光学顕微鏡による観察では，採水期間中に，*Microcystis* 属，*Anabaena* 属，*Coelosphaerium* 属，*Merismopedia* 属，そして *Planktothrix* 属ラン藻が観察された．また，形態学的分類法に基づいて *Microcystis* 属を計数した結果，表層では 2000 年 4 月から 8 月まで，水深 1 m 層では 4 月から 6 月まで約 30～200 cells / m*l* の群体を形成した本属細胞が検出された（図 4･3）．しかし，これ以降では群体を形成した *Microcystis* 属は全く観察されなかった．

一方，抗血清 PM-2 とモノクローナル抗体 MN-1 を用いた免疫学的定量法による定量結果では，群体が観察された期間において約 50～400 細胞 / m*l*,

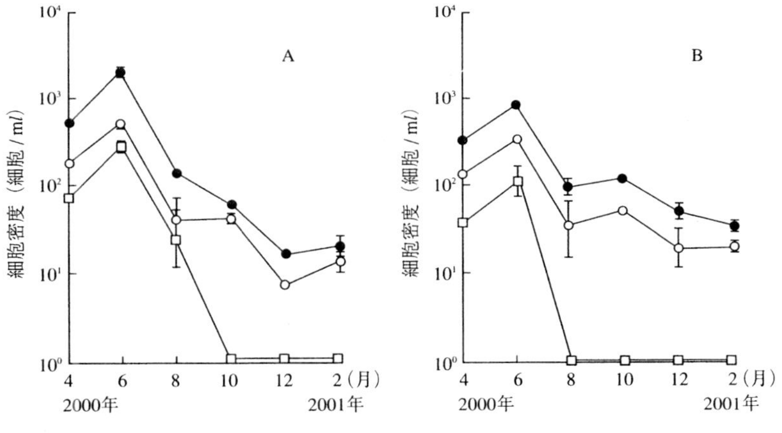

図 4･3 三方湖湖水中の *Microcystis* 属の季節変動.
A，表層；B，水深 1 m 層. ●，湖水中に含まれる *Microcystis* 属と同等の直径を有する球形細胞；○，免疫学的同定・検出法で定量した *Microcystis* 属；□，群体を形成し，形態学的に同定できた *Microcystis* 属.

群体が全く観察されなかった期間において約 10～50 細胞 / m*l* の本属細胞が検出された（図 4·3）．この結果から，群体形成期においても群体形状が不完全あるいは単独細胞の状態にある *Microcystis* 属細胞が，群体を形成している本属細胞とほぼ同じ密度で湖水中に存在すること，秋季から冬季によっても本属が単独細胞として存在することが確認された．また，本法により，冬季の低水温下に生息し続ける *Microcystis* 属細胞や，群体を形成し始める時期やアオコが崩壊していく時期における本属細胞の動態が詳細に解明できるのではないかと考えられる．

次に，競合的 PCR 法により三方湖湖水中の有毒 *Microcystis* 属細胞の定量を行った．この結果，2000 年 6 月の表層から得た湖水中から約 50 細胞 / m*l* の有毒 *Microcystis* 属細胞が検出された（図 4·4）．今後，現場試水中の有毒 *Microcystis* 属細胞数とミクロシスチン量との間に相関が得られれば，本法による現場水域の有毒化の早期検出が期待できる．

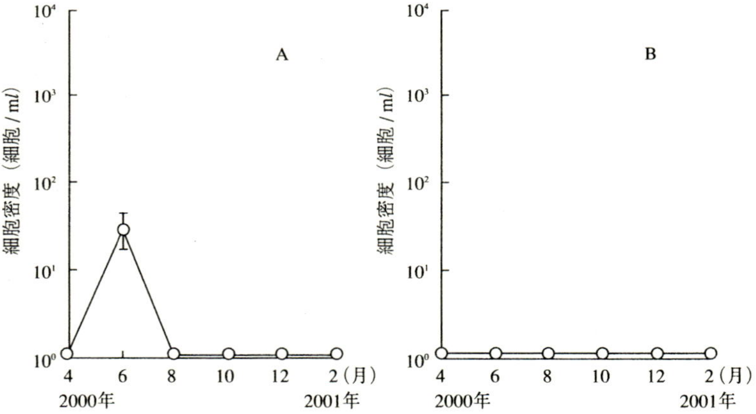

図 4·4　競合的 PCR 法によって定量した三方湖湖水中の有毒 *Microcystis* 属の季節変動．
A，表層；B，水深 1 m 層．

文　献

1）渡辺真利代：有毒ラン藻の出現，アオコ―その出現と毒素―，（渡辺真利代，原田健一，藤木博太編），東京大学出版会，1994，pp. 55-73.

2) W. W. Carmichael, V. R. Beasley, D. L. Bunner, J. N. Eloff, I. Falconer, P. Gorham, K-I Harada, T. Krishnamurthyu, Y. Min-Juan, R. E. Moore, K. I. Rinehart, M. Runnegar, O. M. Skuruberg and M. F. Watanabe : *Toxicon*, 26, 971-973 (1988).

3) R. Nishiwaki-Matsushima, T. Ohta, S. Nishiwaki, M. Suganuma, K. Kohyama, T. Ishikawa, W. W. Carmichael and H. Fujiki : *J. Cancer Res. Clin. Oncol.*, 118, 420-424 (1992).

4) A. R. B. Jackson, A. McInnes, I. R. Falconer and M. T. C. Runnegar : *Vet. Pathol.*, 21, 102-113 (1984).

5) E. M. Jochimsen, W. W. Carmichael, J. An, D. M. Cardo, S. T. Cookson, C. E. M. Holmes, M. B. C. Antunes, D. D. M. Filho, T. MLysa, V. S. T. Barreto, S. M. F. O. Azevedo and W. R. Jarvis : *The New England Journal of Medicine*, 338, 873-878 (1998).

6) J. Komárek,. 1991. *Algological Studies*, 64, 115-127 (1991).

7) B. A. Neilan, P. T. Cox, P. R. Hawkins and A. E. Goodman : *DNA Seq.*, 4, 333-337 (1994).

8) S. Otsuka, S. Suda, R. Li, M. Watanabe, H. Oyaizu, S. Matsumoto and M. M. Watanabe : *FEMS Microbiol. Lett.*, 164, 119-124 (1998).

9) R. Kondo, G. Kagiya, S. Hiroishi and M. Watanabe : *Plankton Biol. Ecol.*, 47, 1-6 (2000).

10) S. Otsuka, S. Suda, R. Li, M. Watanabe, H. Oyaizu, S. Matsumoto and M. M. Watanabe : *FEMS Microbiol. Lett.* 172, 15-21 (1999).

11) R. Kondo, T. Yoshida, Y. Yuki and S. Hiroishi : *Int. J. Syst. Bacteriol.*, 50, 767-770 (2000).

12) S. Otsuka, S. Suda, S. Shibata, H. Oyaizu, S. Matsumoto and M. M. Watanabe : *Int. J. Syst. Bacteriol.*, 51, 873-879 (2001).

13) T. Nishizawa, A. Ueda, M. Asayama, K. Fujii, K-I. Harada, K. Ochi and M. Shirai: *J. Biochem.*, 127, 779-789 (2000).

14) A. Möler, and J. K. Jannsson. *Bio-Techniques*, 22, 512-518 (1997).

5. 殺藻ウイルスによる赤潮の駆除

長 崎 慶 三*

§1. 海洋環境制御のための微生物利用の可能性

異なる生物間の相互作用による制御力を利用して有害生物を選択的に防除すること，これが生物農薬の概念である．農業分野ではいくつかの生物農薬がすでに実用化（市販）されており，現在も生態系との調和を考慮した新しい病害虫対策の一環として，各種病害虫に対する天敵微生物を対象とした研究が盛んに行われている[1]．これに対して，水産分野への生物農薬という概念の導入は，農業における田畑果樹園（閉鎖系）とは全く異なる「海」という開放系がその使用の場となるため，規模・安全性などの問題が解決されないまま大きく立ち後れているのが現状である．

著者の所属する研究グループは，魚類へい死の原因となる有害赤潮藻 *Heterosigma akashiwo*（ラフィド藻綱）[2] および貝類へい死の原因となる有害赤潮藻 *Heterocapsa circularisquama*（渦鞭毛藻綱）[3] に対して選択的に感染・溶藻するウイルスをそれぞれ発見・分離した[4,5]．これらのウイルスがもつ特異的殺藻性を利用した有害プランクトンの選択的駆除を応用することで，水産養殖産業に対してきわめて有用な技術支援がなされるものと期待される．また，ウイルスという生物農薬ツールとして格好の条件を備えた生物因子に関する研究を推進することで，水産分野での，更には水圏環境下での天敵生物利用の可能性が必然的に計られることとなる．

現在，ウイルスの製剤化技術，長期安定保存技術，ならびに大量培養技術の構築に焦点を当てた研究が，陸上農業用の生物農薬開発に実績をもつ企業研究所（エス・ディー・エス・バイオテック（株）つくば研究所）で進められつつある．また一方で，著者の所属する研究グループでは，各ウイルスの現場環境中での挙動，生活史，増殖特性，遺伝情報等に関する精査を行い，各ウイルスの生理学的性状，生態学的性状，および分子生物学的性状を明らかにするための

* 独立行政法人　水産総合研究センター　瀬戸内海区水産研究所

研究を推進している．ウイルスに関するこれらの知見の集積は，開発しようとする新技術の理論的裏付けを成すのみならず，散布後のウイルスの挙動把握，安全性の保証，散布規模の概算，散布時期の決定，散布技術の開発など，実用化に向けて必要な数多くの情報ならびに技術を提供するものである．

§2. 有害赤潮原因藻 *Heterosigma akashiwo* を宿主とするウイルス

HaV [4] は，粒径約 0.2 μm の正二十面体構造をもつ 2 本鎖 DNA ウイルス（図 5･1）であり，代表的な有害赤潮原因藻 *H. akashiwo* に対して特異的に感染し宿主細胞を死滅させる．HaV は高い宿主特異性をもち，*H. akashiwo* 以外の海産微細藻 18 種に対して全く影響を及ぼさないことが確認されている．

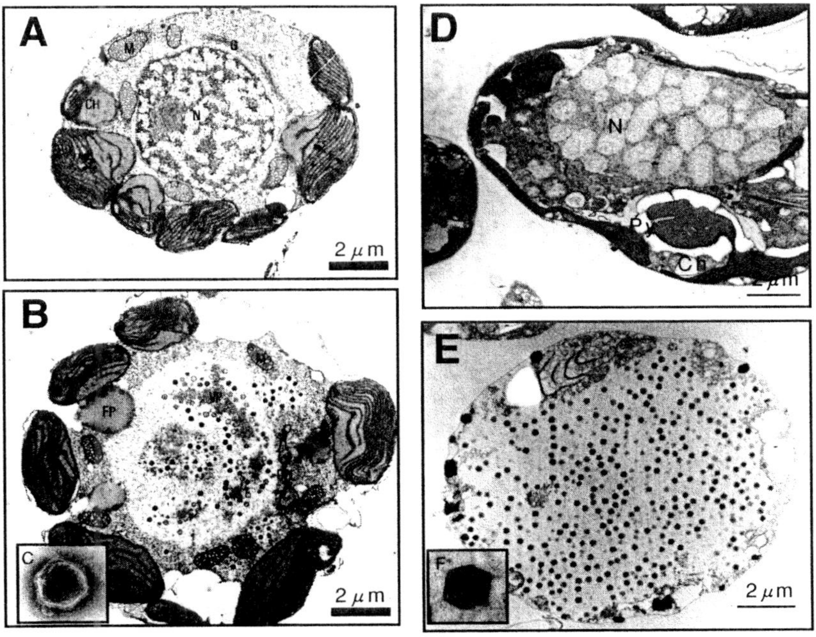

図 5･1 （A）健常な *Heterosigma akashiwo* 細胞の透過電顕像．（B）HaV による感染を受けた *H. akashiwo* 細胞の透過電顕像．（C）HaV の陰性染色像．（D）健常な *Heterocapsa circularisquama* 細胞の透過電顕像．（E）HcV による感染を受けた *H. circularisquama* 細胞の透過電顕像（感染後 48 時間目）．（F）HcV 断面の拡大像．N＝核，Ch＝葉緑体，M＝ミトコンドリア，G＝ゴルジ体，FP＝脂肪粒，DN＝崩壊過程にある核，VP＝ウイロプラズム，Py＝ピレノイド．

HaV の感染から 30～33 時間後には，感染細胞の崩壊に伴い，1 細胞当たり約 770 個の感染性を有する新たなウイルス粒子が環境中に放出される．一方，HaV の *H. akashiwo* に対する感染の成立には宿主側の生理学的状態（培養温度・細胞のステージ）が少なからず影響するようである[6]．HaV の形態形成過程では，ウイロプラズムと呼ばれる高電子密度の不定形構造体から空のウイルスカプシドが細胞質内に放出され，その後，ウイルス DNA がカプシド内に挿入されることで，ウイルス粒子の成熟が完了する．感染を受けた細胞内では核構造の顕著な崩壊が認められることから，宿主核内 DNA のウイルス DNA への再構成が進められているものと予想される．これに対して，クロロプラストやミトコンドリア等の細胞内小器官では顕著な構造変化はみられない．

一般に *H. akashiwo* による赤潮は初夏に多く発生し，広島湾沿岸域では例年 4 月末～5 月初旬より *H. akashiwo* 細胞密度が徐々に上昇し，5 月下旬～7 月初旬に赤潮を形成する．赤潮は通常 1～3 週間継続するが，その崩壊時には *H. akashiwo* 個体群のうち大部分がそれまで維持してきた日周鉛直移動能を喪失し，底層に滞留した状態となる[7]．この赤潮崩壊時に，HaV 粒子を含んだ *H. akashiwo* 細胞が特異的に出現し，その割合を増す[8]．赤潮崩壊時の HaV 粒子の密度は，表層よりも底層で高く，観測の結果 1 m*l* 当たり 100 万個にも達することが明らかとなった[9]．これはウイルス感染により運動性を失い底層に滞留した細胞から新たにウイルス粒子が周辺環境中に放出された結果を反映したものと推察される．一方で，HaV に感染した細胞は速やかに運動性を喪失し，培養基底面に沈積する現象が室内実験で確認されており，これらの事実から，*H. akashiwo* 赤潮の崩壊現象に，ウイルスが重要な役割を果たしている可能性が強く示唆される．

HaV は *H. akashiwo* に対してきわめて特異的に感染するが，株によって相性の良し悪しがある．すなわち，ある HaV 株と *H. akashiwo* 株との間では感染が成立しない（＝溶藻しない）場合があり，HaV の感染性は「種特異的」というよりも「株特異的」であるといえる．同一の試水に由来する場合でも，ウイルス側の感染性パターンおよび宿主側の感受性パターンは均一ではなく，一つのクローン株がウイルス接種を受けた場合でもその中の一部の細胞が生残するという興味深い現象もみられる[10]．

Tarutani ら[9)]は，赤潮崩壊時のウイルスの特異的増殖（すなわち赤潮環境中でのウイルス病の蔓延による *H. akashiwo* の大量死滅）は，*H. akashiwo* 赤潮個体群に対して単なる量的変動をもたらすのみならず，質的な面でも重要な影響を及ぼしていることを報告した．彼らは，1998 年に広島湾奥部で発生した赤潮の盛期に分離された *H. akashiwo* 株が同じ赤潮の盛期～末期に分離された HaV 株に対して高い感受性を示したのに対し，赤潮崩壊後に分離された *H. akashiwo* 株はそれらの HaV 株に対して高い抵抗性を示したことから，赤潮崩壊前と崩壊後で個体群内組成の顕著な変化が生じていた可能性を示した．また，赤潮崩壊から約 3 週間後には，上述の高い抵抗性をもつ *H. akashiwo* 株に対して強い感染性をもつウイルス株が分離されたことから，ウイルス側もその感染性パターンにより出現動態が異なるものと推察した．これらの結果は，図 5・2 に示すように，宿主細胞ならびにウイルス両者間で質的な（感染性・感受性タイプに関する）遷移が生じている可能性を示すものである．すなわち，a タイプのウイルスに感受性を示す *H. akashiwo* A タイプ個体群は，a タイプウイルスの蔓延により駆逐され，替わってその場に a タイプウイルスの攻撃を逃れた *H. akashiwo* B タイプが優占する，そこにまた *H. akashiwo* B タイプに感染する b タイプウイルスが登場し，*H. akashiwo* B タイプを駆逐する，というよ

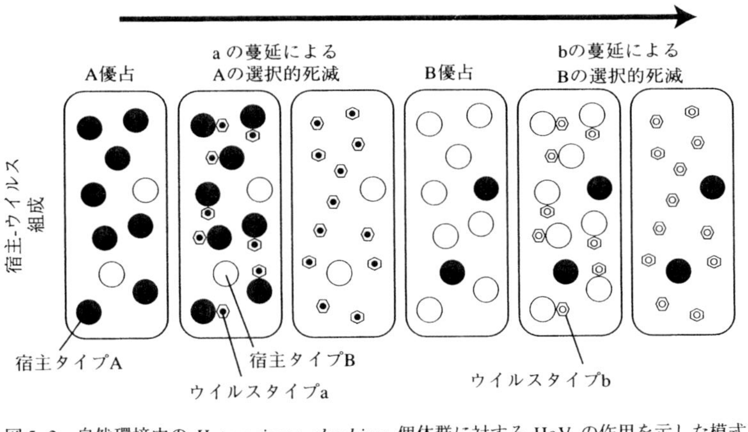

図 5・2　自然環境中の *Heterosigma akashiwo* 個体群に対する HaV の作用を示した模式図．宿主タイプ A，B は，ウイルスタイプ a，b に対してそれぞれ感受性である．図中では，ウイルス感染によって優占する宿主のタイプが変遷する様子が，時系列で示されている．

うなサブポピュレーションレベルでの質的変動が生じているものと推察される．最近の調査によれば，藻体側ならびにウイルス側のバリエーションは上記のモデルよりさらに大きく，ウイルスが *H. akashiwo* 個体群の動態にきわめて複雑な形で影響を及ぼしていることが明らかになりつつある（Tomaru ら，未発表）．

H. akashiwo と HaV は，その進化の過程で，感染を巡る性質に関する宿主・ウイルス両者の多様性を増大してきたものと想像される．おそらくウイルス対宿主の関係は勝者対敗者のような単純な関係ではなく，*H. akashiwo* はウイルスという生物因子とともに相互に複雑な関係を維持しつつ進化を遂げてきたのであろう．では，宿主側の生存戦略として，ウイルスの存在はどのような意味をもっているのか．バクテリオファージ研究の分野では，遺伝子の運び屋（ベクター）としてのウイルスの役割が注目され，部分的な実証もなされている[11]．微細藻類研究の歴史の中でウイルスの溶原化に関する事例はこれまでのところ報じられていないものの，個体間の遺伝情報の水平移動をウイルスに依存するという戦略は，*H. akashiwo* 種内の多様性を増大させるという視点からは有利な選択肢のように思われる．ちなみに *H. akashiwo* では無性生殖によるシスト（休眠細胞）形成が報じられているものの[12]，これまでに有性生殖に関する報告はなされておらず，本種がいかにして遺伝情報のシャッフリングを行っているかは分かっていない．今後，分子生物学的な側面からの研究を深化させることで，溶原化の有無について検証する必要がある．

現場環境中での HaV の存在形態についても情報が不足している．室内実験により，HaV はきわめて短期間にその感染性を喪失することが示された[6]．では，天然の赤潮崩壊時に放出された HaV 粒子は，現場環境中でどのような運命を辿るのだろうか．HaV が現場環境中においても室内実験でみられたような脆弱性を同様にもつならば，前年に放出されたウイルスが翌年に発生した *H. akashiwo* 赤潮に感染因子として影響を及ぼすとは考えにくい．にもかかわらず，著者の知る限り少なくとも広島湾では 1995 年から 2001 年まで毎年赤潮時期に HaV の出現が確認されている．天然環境中で生残（感染性を維持）するために，HaV はどのような戦略をもっているのだろうか．最も可能性が高いのは，HaV が別の宿主をもち，ウイルスとしての存在形態を維持しているという可能性であるが，これまでのところ HaV が感染しうる *H. akashiwo* 以外の生物種は確認されていない．また，宿主細胞への溶原化による生残の可能性も十分考えられる．

赤潮を構成する *H. akashiwo* 個体群中の個々の細胞の運命が，どのようにして決定されるのかという点も興味深い．あるものはシストとなり泥中に眠り，いわゆるシードポピュレーションとしての生態学的役割を担うことになる．しかしながら，シスト形成過程に至るものは個体群中のごく一部の細胞であり，成熟したシストとなれるものはまたその中の一部であると考えられる[12]．一方で，あるものはウイルス粒子を大量に合成して死滅する．こうした明らかに異なる個々の細胞の運命付けは，何により発せられたいかなる指令によって決定されるのか．赤潮という生物学的イベントに関する，個体群レベルでのマクロの捉え方と，個々の細胞レベルでのミクロの捉え方を兼備する，高度な実験設計による解決が求められる難問である．

§3. 有害渦鞭毛藻 *Heterocapsa circularisquama* を宿主とするウイルス

1980 年代末にわが国に突如出現し定着した新型赤潮原因プランクトン *H. circularisquama* は，カキ，アサリ，アコヤガイ等の貝類を選択的に攻撃し死滅させる性質をもつ[3, 13]．上述の *H. akashiwo* を含め従来まで知られていた赤潮プランクトンの多くは，主に魚類養殖に対して被害を与えるものであったが，*H. circularisquama* の出現により魚類養殖のみならず貝類養殖も赤潮の脅威に曝されることとなった．1998 年に広島名産の養殖カキにもたらされた未曾有の赤潮被害（被害額約 39 億円）はその一例である．*H. circularisquama* は，1988 年夏に高知県浦ノ内湾で初めて確認されて以来，驚異的な速さでその分布域を広げてきた．2001年現在，本藻の発生域の南端は熊本県，北端は福井県，東端は静岡県にまで達している．これまでの本藻分布域の拡大傾向に鑑み，今後のさらなる赤潮発生域の拡大ならびに諸外国での赤潮の発生が強く懸念される．このため，貝類養殖業を抱える各地方自治体からは，安全かつ効果的な赤潮対策に関する迅速な研究開発が強く望まれている．

HcV[5] は，粒径約 0.2 μm の 2 本鎖 DNA ウイルス（図 5･1）であり，*H. circularisquama* に対して感染する．HcV に感染した *H. circularisquama* 細胞は徐々に運動性を失い，48～72 時間以内に死滅する．このとき死滅した *H.*

circularisquama から 1 細胞当たり約 2,000 個の複製された子孫 HcV 粒子が環境中に放出され，これらが未感染の *H. circularisquama* 細胞に対して新たな感染を引き起こす．HcV の特徴として特筆すべきは，その宿主特異性がきわめて高く，有害赤潮藻 *H. circularisquama* のみを選択的に死滅させる点にある．これまでのところ *H. circularisquama* 以外の海産植物プランクトン 24 種に対する HcV の影響は認められていない．この事実は，HcV が天然の海洋環境中で *H. circularisquama* 赤潮の動態を特異的に左右する生物因子として存在している可能性を示していると考えられる．

§4. ウイルスを用いた赤潮防除に向けて

著者らの研究の究極的な目的は，自然のウイルスが備えもつ殺藻作用（抗赤潮活性）を利用して，海に対する異物の投入を伴わない赤潮防除技術の可能性を探ることにある．その実用化の可能性を検討するには，「適用規模・施用効果・コスト・安全性」といった観点からこれらのウイルスの性状を十分に検討する必要がある．

まず「適用規模」については，ウイルス自体に備わっている自己複製能がこの問題をクリアする鍵となる．HaV および HcV は，宿主である有害赤潮藻を破壊することによってのみ自己増殖し，宿主細胞が存在する環境下では指数関数的に増殖する．したがって，適時に比較的少量のウイルスを投入することで広範囲の赤潮を制御し得るのではないか．今後，両者の増殖特性をさらに詳細に検討することで，その可能性についてより現実的な論議が可能となろう．

第二に「コスト」について．両ウイルスの培養には特殊な機器や試薬は不要であり，比較的安価に小規模培養系を構築することが可能である．ウイルスの最大収量をさらに高めるべく培養技術を改善し，大量生産システムを構築することができれば，低コストでの製剤頒布が可能となろう．ウイルスの製剤化技術および長期安定保存技術の早急な開発が今後の課題である．

第三に「施用効果」について．一般にウイルスによる生物駆除を考える場合，ウイルスに対する抵抗性をもつ宿主タイプの出現が最大の障壁となる．すなわちウイルスへの抵抗性を備えた宿主細胞が個体群中に混在する場合，仮にウイルス感受性の細胞を死滅に導くことができたとしても，生残した抵抗性タイプの増殖により，全体として赤潮への駆除効果が発揮されない可能性がある．HaVに関するこれまでの試験結果によれば，異なる感染特異性パターンをもったウイルスを混合して使用することで，*H. akashiwo* 全体を宿主範囲としてカバーすることが可能であると考えられる（Tomaru ら，未発表）．また HcV では，HaV にみられるような高度な株特異性はみられず，広く *H. circularisquama* を認識し殺滅する（Nagasakiら，未発表）．

第四に「安全性」の問題．いずれのウイルスも自然の生態系の中から分離されたものであり，人為的な遺伝子操作の手は一切加わっていない．天然の赤潮制御因子であるウイルスを抽出し拡大利用することで赤潮を防除する技術，すなわち「環境にやさしい赤潮防除技術」の確立に向けた研究は，産業的にも学問的にも意味深い試みといえるだろう．さらに，両ウイルスの宿主特異性はかなり高い．生物農薬的な応用を考えている以上，標的生物種のみに特異的に作用し，それ以外の生態系構成要素にはできるだけ影響しないことが望ましい．著者らは HaV および HcV の主要な低次生産生物（動植物プランクトン・大型海藻・二枚貝・小型魚）ならびに哺乳動物（マウス）に対する急性毒性試験を実施したが，これまでのところ顕著な急性毒性は検出されていない（外丸ら，未発表）．

著者らは現在，これらの各項目について検討を行いつつ，試験管レベルの接種試験，水槽レベルの接種試験をそれぞれ実施し，メソコズムを用いた HcV の現場接種試験実施の可能性を探っている段階にある．

§5. おわりに

微細藻類の異常増殖による水塊の着色現象である赤潮は，生態学的に重要な生物学的イベントであるのみならず，視覚的にもきわめてヴィヴィッドな現象であるといえよう．この赤潮の動態を左右する因子の一つとしてウイルスが重要な役割を担っている可能性はもはや否定できない．また，藻類ウイルス研究者らは，赤潮のような特殊なイベントだけでなく，日常にごくありふれた生物個体群の動態に対して，ウイルスが重要な影響を与えている可能性を示唆している．

とはいえ，海洋微生物学研究の歴史の中で，海水中に浮遊するウイルスが注目されるようになってからまだ十数年しか経っておらず，海産ウイルスの生態学的役割はほとんど明らかにされてないといってよい．若くて元気で野心的な研究者の卵たちがこの分野に集結し，掘れども尽きぬ興味深い現象の井戸に立ち向かわれることを願ってやまない．本稿の内容に興味をもち本分野での研究修行を希望する方が居られましたらご一報下さい（nagasaki@affrc.go.jp）．

なお，本稿で紹介したウイルスを用いた有害赤潮防除に関する研究の一部は，新エネルギー・産業技術総合開発機構（NEDO）平成12～13年度産業技術研究助成事業の一環として行われた．

文　献

1）山田昌雄：微生物農薬，全国農村教育協会，2000，228 pp.

2）T. Honjo : Overview on bloom dynamics and physiological ecology of *Heterosigma akashiwo*, Toxic phytoplankton blooms in the sea, Elsevier, New York, 1993, pp.33-41.

3）T. Horiguchi : *Phycol Res*, **43**, 129-136（1995）.

4）K. Nagasaki and M. Yamaguchi : *Aquat. Microb. Ecol.*, **13**, 135-140（1997）.

5）K. Tarutani, K. Nagasaki, S. Itakura and M. Yamaguchi : *Aquat. Microb. Ecol.* **23**, 103-111（2001）.

6）K. Nagasaki. and M. Yamaguchi : *Aquat. Microb. Ecol.*, **15**, 211-216（1998）.

7）K. Nagasaki, S. Itakura, I. Imai, S. Nakagiri and M. Yamaguchi : The disintegration process of a *Heterosigma akashiwo*（Raphidophyceae）red tide in Northern Hiroshima Bay, Japan, during the summer of 1994, Harmful and toxic algal blooms（ed. T. Yasumoto, Y. Oshima and Y. Fukuyo）, Intergovernmental Oceanographic Commission of UNESCO, 1996, Paris, pp.251-254.

8）K. Nagasaki, M. Ando, S. Itakura, I. Imai and Y. Ishida : *J. Plankton Res.*, **16**, 1595-1599（1994）.

9）K. Tarutani, K. Nagasaki, and M. Yamaguchi : *Appl. Environ. Microbiol.* **66**, 4916-4920（2000）.

10）K. Nagasaki, K. Tarutani and M. Yamaguchi : *J. Plankton Res.*, **21**, 2219-2226（1999）.

11）松代愛三：潜在型ファージの分子生物学，UP BIOLOGY，東京大学出版会，1975，141pp.

12）S. Itakura, K. Nagasaki, M. Yamaguchi and I. Imai : *J. Plankton Res.*, **18**, 1975-1979（1996）.

13）Y. Matsuyama : *JARQ*, **33**, 283-293（1999）.

6. 殺藻細菌による赤潮の駆除

吉　永　郁　生*

海洋において，微細藻とその周辺の従属栄養細菌（以下，細菌）は互いに影響を及ぼしあっている[1]．微細藻に固定された有機物は細菌の主要なエネルギー源となり，他方，細菌によって再生産される無機窒素や無機リンは微細藻の生合成に利用される．また，ある種の微細藻は，ビタミンや脂肪酸など，増殖に必要な微量物質を細菌から得ている[1,2]．さらに，最近，有害赤潮の原因藻である *Heterocapsa circularisquama* の複数の分離株が，分離源が異なるにも関わらず，細胞内に同種の細菌（γ-プロテオバクテリアに属する新種）を含んでいることが明らかになり[3]，細胞内共生関係を含めた細菌と微細藻の相互関係は興味深い．このように海産微細藻（群集）と周辺の細菌（群集）は密接にかかわり合いながら共存しており，一方の群集構造の変化は他方のそれに影響している．

赤潮においても原因となる微細藻（以下，赤潮藻）の増殖と細菌群集との間には密接な関係があることが予想される．この関係を細菌側から概念的に整理してみると，1）赤潮藻の増殖を促進する細菌群（促進細菌），2）赤潮藻の増殖を阻害する細菌群（阻害細菌），そして3）赤潮藻の増殖に影響しない細菌群の3群に分けられる（図 6·1）．さらにそれぞれの細菌群も相互に影響しあっているため，一概に「赤潮藻と周辺細菌群集との相互作用」といってもその様態は複雑である．つまり，ある種の赤潮藻に対しては阻害細菌であっても別の赤潮藻に対して中立であったり増殖を促進する場合があり得ることは留意すべきであろう．

いずれにしても赤潮藻群集の動態に周辺の細菌群集の動態が直接・間接に関係していることは疑いようがない．それゆえ，この赤潮関連細菌をうまく利用することで，人為的に赤潮を制御できるかもしれない．本稿では，まず赤潮に関連する細菌，特に阻害細菌を赤潮対策として利用する可能性について概説し，

* 京都大学大学院農学研究科応用生物科学

次に，主として日本の研究者によって最近 10 年間に明らかになった阻害細菌の生理・生態に関する知見を紹介する．さらに，細菌を利用した赤潮防除法の開発のために乗り越えるべき課題を整理し，現有の有用細菌分離株をどのように赤潮の防除・駆除に応用すればよいかを考察する．

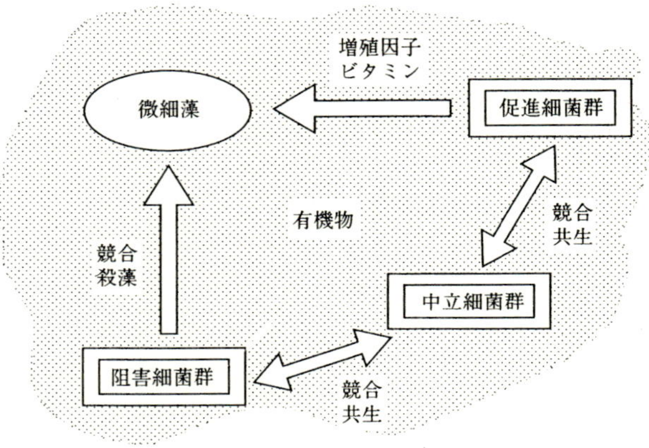

図 6·1　赤潮藻に対して細菌群集が与える影響
（微細藻は同化した有機物を細菌に供給するが，細菌が微細藻に与える影響は様々である.）

§1．殺藻細菌による赤潮の駆除

赤潮の防除や駆除の目的で細菌を用いる場合，1）阻害細菌群集の数や影響を強化して，直接的に赤潮藻に作用させる方法と，2）促進細菌群集の数や影響を減らして間接的に赤潮藻に作用させる方法が考えられる．もちろん前者の方がより効果的である．とりわけ“栄養塩をめぐる競合”などではなく，赤潮藻を攻撃・殺滅してその有機物を利用して増殖する，いわゆる“殺藻細菌”は，赤潮駆除剤として利用できるかもしれない．それゆえ赤潮対策として期待されるのは殺藻細菌である．

殺藻細菌を赤潮対策に用いるうえで有利な点は，海洋環境で細菌が自律的に増殖できる点である．つまり，開放的な海洋で広範囲に及ぶ赤潮に対処するには，散布後に自律的に増殖する殺藻細菌は，初期の散布量（濃度）が少なくても赤潮を駆除できる可能性がある．さらにもともと赤潮環境で生息している細菌を使用した場合，本来海洋環境には存在しない化学物質や薬剤を散布するよりも他の生物環境に与えるダメージが少ないであろう．これは，環境汚染を特別な微生物の機能強化によって分解・除去する，“バイオレメディエーション（生物的環境修復）”の基本的な考え方である．

これまでも PCB や重油などの汚染の除去にこれら難分解性物質の分解細菌を利用するバイオレメディエーション技術が開発されてきた．しかし残念ながら，分解細菌を散布してもその汚染環境に定着せず，思ったような効果が得られていない．殺藻細菌を赤潮環境に散布する際もその定着率が問題となろう．前述のように赤潮藻を取り巻く細菌群集内では個々の細菌間の相互作用が結果として赤潮藻に与える影響の強弱にもかかわるため，海洋における殺藻細菌の群集構造や多様性などの生態調査が必要である．

タンカー事故などにより海洋環境に流出した重油汚染では，油分解細菌を汚染海域に散布する“バイオオーギュメンテーション（Bioaugumentation）”よりも，現場に生息する油分解細菌群集を何らかの方法で活性化して油汚染環境の修復を目指す“バイオスティミュレーション（Biostimulation）”が有効であることが知られている[4)]．これまでの調査から，多様な殺藻細菌が世界各地の沿岸海域に普遍的に生息していることが明らかになっている．つまり赤潮対策としても，現場の殺藻細菌群集を何らかの方法で活性化するバイオスティミュレーションが有効かもしれない．そのためには，殺藻細菌の生態調査とともに，室内実験レベルで細菌による赤潮殺滅メカニズムの詳細を明らかにする必要があろう．

§2．殺藻細菌の生態

海洋環境における殺藻細菌の生態が，日本の研究者によって世界に先駆けて研究されはじめたのは 1990 年以降である．それ以前にも，餌料用の珪藻タンクから殺藻細菌が分離された例があったが[5)]，赤潮の発生・消滅過程との関係で殺藻細菌が研究された例はなかった．筆者らの研究室では 1990 年と 1991 年の夏季に発生した田辺湾おける渦鞭毛藻 *Gymnodinium mikimotoi*（当時は *G. nagasakiennse*）赤潮に際し，新たに開発したバイオアッセイ法（MPN 法）によって本藻に対する殺藻細菌の計数を試みた[6)]．その結果，赤潮藻数の増減と殺藻細菌数の増減との間に負の相関関係が見られた（図 6･2）．特に 1991 年の赤潮発生時に，本藻に対して強力な殺藻活性を示す細菌が多数存在しており，赤潮はその後急激に消滅した．このことは，天然環境において，殺藻細菌の動向が赤潮の抑制要因の一つになっていると同時に，赤潮の消滅にも多大な影響を及ぼしている可能性を示唆する．さらに 1993 年から 1995 年にかけて，広島湾において同様の方法でラフィド藻 *Heterosigma akashiwo* 赤潮と本藻に対する殺藻細菌との相関を調べたところ [7, 8, 9]，やはり赤潮消滅期に殺藻細菌が急激に増加することが明らかになった．日本沿岸の様々な海域で同様の報告がなされており [10−12]，以上の知見は殺藻細菌群集が海洋の赤潮の抑制要因（Restriction agents）となっていることを強く示唆する．つまり赤潮を海洋生態系における異常事態ととらえると，殺藻細菌群集はそれに対する自然の応答とも捉えることができよう．

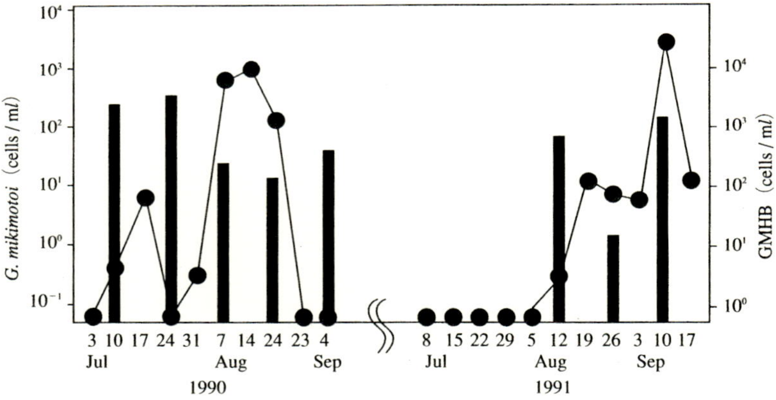

図 6･2　1990 年と 1991 年夏季の和歌山県田辺湾の定点（Stn.4）における *Gymnodinium mikimotoi* 細胞数（全層平均値，折れ線グラフ）および *G. mikimotoi* 殺藻細菌（GMKB）数（全層平均値，棒グラフ）

同時に，広島湾の調査では，同海域で *H. akashiwo* 殺藻細菌の挙動が *H. akashiwo* 赤潮の消長と相関していたのに対して，同じラフィド藻の *Chattonella antiqua* 殺藻細菌の挙動は連動せず，実験期間を通して低い細菌数で推移した（図 6･3）．このことは，特定の赤潮藻にのみ作用する殺藻細菌が微細藻の遷移に影響していること，さらにこのような自然の“微細藻種の交代現象”を人為的に操作することによって，特定の赤潮の防除や駆除に利用できる可能性を示唆している．

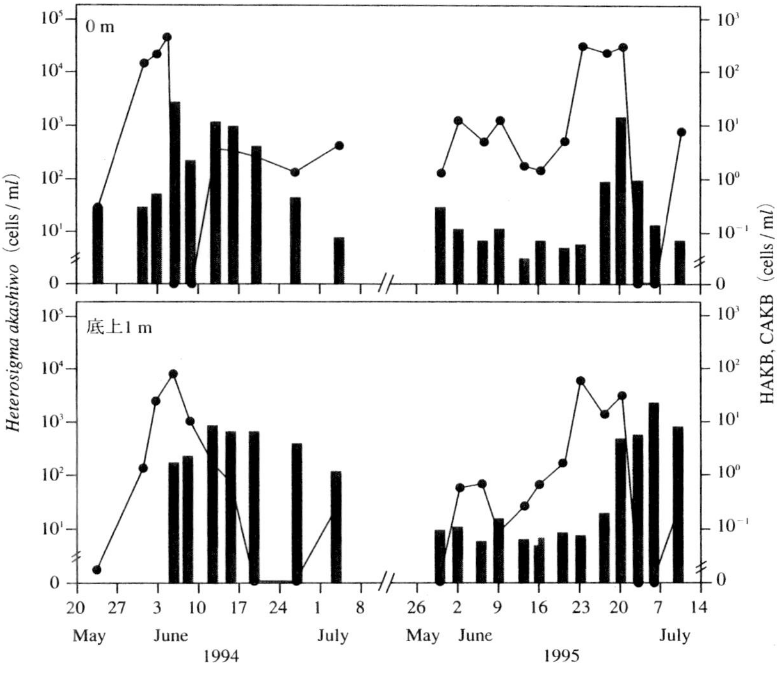

図6・3　1994 年と 1995 年夏季の広島湾の定点（Stn.V）における *H. akashiwo* 細胞数（折れ線グラフ）と *H. akashiwo* 殺藻細菌（HAKB）数（棒グラフ ■）および *Chattonella antiqua* 殺藻細菌（CAKB）数（棒グラフ ▦）

筆者らは田辺湾の調査において，複数の *G. mikimotoi* 殺藻細菌を分離し，その分類学上の性状を比較した [13]．その結果，殺藻細菌群集は多様な細菌種から構成されていることが明らかとなった．広島湾の調査においても，分離した数百株の *H. akashiwo* 殺藻細菌の種構成を，当時開発された 16S rDNA-RFLP 法を用いて遺伝的に解析したところ [14]，やはり多様な遺伝的グループ（リボタイプ）からこの集団が成り立っていることがわかった．しかし，赤潮消滅期に優占し，赤潮の消滅に関与している可能性がある殺藻細菌はごく近縁の 3 つのリボタイプのみであった．このことから我々は，海洋環境には多くの殺藻細菌

表6·1　知られている殺藻細菌分離株とその殺藻メカニズムおよび16S rRNA 遺伝子のアクセッション番号

種名／株名	分離年	分離場所	分離に用いた微細藻	Accession No.	殺藻メカニズムなど	研究者
Pseudomonas sp./T827	1978	珪藻培養液	*Thallasiosira pseudomonanna*		殺藻物質産生型	Bakerら[5]
Flavobacterium sp. /5N-3	1989	高知県浦ノ内湾	*Gymnodinium mikimotoi*	AB017597	殺藻物質産生型（分子量100）前後の水溶性塩基性物質）	深見ら[22]
Cytophaga sp. /J18/M01	1990	瀬戸内海，播磨灘	*Chattonella antiqua*	AB017046	直接攻撃型	今井ら[23]
Alteromonas sp. /S	1991	広島県北部	*Chattonella antiqua*	AB040464	殺藻物質産生型	今井ら[24]
Alteromonas sp. /K	1991	広島県北部	*Chattonella antiqua*	AB040465	殺藻物質産生型	今井ら[24]
Alteromonas sp. /D	1991	広島県北部	*Chattonella antiqua*	AB040466	殺藻物質産生型	今井ら[24]
Pseudoaltermonas sp. /R	1991	広島県北部	*Chattonella antiqua*	AB040467	殺藻物質産生型	今井ら[24]
Alteromonas sp. /E401	1991	和歌山県田辺湾	*Gymnodinium mikimotoi*	AB004313	殺藻物質産生型（分子量64,000のタンパク質と3,000以下の水溶性物質）	吉永ら[28]
FCB group /41-DEG2	1997	*G. breve* bloom in Atlantic Sea	*Gymnodinium breve*	未登録	殺藻物質産生型	Doucetteら[21]
Alteromonas sp. /GY21, MC27, GY9501	1994	広島湾	*Heterosigma akashiwo*	AB001335-36	殺藻物質産生型（分子量1,000以下）	吉永ら[14]
Alteromonas sp. /GY27	1994	広島湾	*Heterosigma akashiwo*	AB001334	殺藻物質産生型	吉永ら[14]
Cytophaga sp. /GY9, MC8	1994	広島湾	*Heterosigma akashiwo*	AB001332-33	直接攻撃型	吉永ら[14]
Cytophaga sp. /AA8-2	1995	英虞湾	*Heterocapsa circularisquama*	AB017047	直接攻撃型	今井ら[29]
Cytophaga sp. /AA8-3	1995	英虞湾	*Heterocapsa circularisquama*	AB017048	直接攻撃型	今井ら[29]
γ-proteobacterium /EHK-1	1999	広島県江田島湾	*Heterocapsa circularisquama*	AF228694		北口ら[26]
Pseudoalteromonas sp. /Y	1998	Southern Tasmania, Australia	渦鞭毛藻，ラフィド藻	AF030381	殺藻物質産生型?	Lovejoyら[25]

Pseudoalteromonas sp. /A25	1994	有明海	*Skeletonema costatum*	AF227237	殺藻物質産生型（タンパク質）	満谷ら[27), 30)]
Pseudoalteromonas sp. /A28	1994	有明海	*Skeletonema costatum*	AF227238	殺藻物質産生型 (セリンプロテアーゼ)	満谷ら[17), 30)]
Cytophaga sp. /A5, A11, A14, A15, A20	1990	有明海	*Skeletonema costatum*	AB008031-35	A5株，A11株，A14株，A15株，A20株は同配列	満谷ら[30)]
Cytophaga sp. /A38	1994	有明海	*Skeletonema costatum*	AB008036		満谷ら[30)]
Cytophaga sp. /A12, A32, A35, A41	1992	有明海	*Skeletonema costatum*	AB008037-40	A12株，A32株，A35株，A41株は同配列	満谷ら[30)]
Flavobacterium sp. /A16	1992	有明海	*Skeletonema costatum*	AB008041		満谷ら[30)]
Flavobacterium sp. /A17	1992	有明海	*Skeletonema costatum*	AB008042		満谷ら[30)]
Flavobacterium sp. /A43	1994	有明海	*Skeletonema costatum*	AB008043		満谷ら[30)]
Flexibacter sp. /A37	1994	有明海	*Skeletonema costatum*	AB008044		満谷ら[30)]
Flexibacter sp. /A45	1994	有明海	*Skeletonema costatum*	AB008045		満谷ら[30)]
Cytophaga sp. /A23	1994	有明海	*Skeletonema costatum*	AB008046		満谷ら[30)]
Saprospira /SS90-1	1990	鹿児島県クルマエビ養殖場海水	*Chaetoceros ceratosporum*	未登録	糸状多細胞，接触消化，カロテノイド色素	坂田ら[31)]
Saprospira /SS91-40	1991	鹿児島県クルマエビ養殖場海水	*Chaetoceros ceratosporum*	未登録	糸状多細胞，接触消化，カロテノイド色素	坂田ら[31)]
Saprospira /SS92-11	1992	鹿児島湾沿岸海水	*Chaetoceros ceratosporum*	未登録	糸状多細胞，接触消化，カロテノイド色素	坂田ら[31)]

が存在するもののその多くが日和見的であり，一部の細菌群集のみが赤潮の消長に関連して出現するのではないかと考えている．これまでに日本各地から分離された殺藻細菌の多くは 16S rDNA 塩基配列が決定され，データベース化が進められている（表6·1）．

このように多様な殺藻細菌群集であるが，これまでに報告されている各種の殺藻細菌の 16S rDNA 情報を整理すると 2 つに大別できる．一つはγ-プロテオバクテリアグループに属する *Pseudoalteromonas-Alteromonas*（Altグループ）に近縁な細菌種であり，もう一つは *Flexibacter-Cytophaga-Bacteroides* グループ（FCBグループ）に属する細菌種である．後者は湖沼のラン藻溶藻細菌など以前から知られていた滑走細菌を多く含む[15]．これまでのところ *H. akashiwo* や *G. mikimotoi* などの赤潮消滅期には Alt グループが優占する傾向があるが，後述の理由から，後者の生態学上の寄与も決して無視できない．

§3．殺藻メカニズム

3·1　殺藻様式

これまでに多様な殺藻細菌が分離されているものの，今のところ“赤潮藻の細胞に侵入し，細胞内で増殖して赤潮藻を破壊する”感染型の細菌は見つかっていない．知られているすべての殺藻細菌は，“赤潮藻に接触後，細胞を破壊する直接攻撃型”か“培地溶液中になんらかの殺藻（溶藻）物質を産生する殺藻物質産生型”のいずれかである．研究者によってその判断は微妙に異なるものの，だいたい以下の要件によって両者は分けられるようである．

1）半透性の膜によって赤潮藻の培養と細菌の培養を隔壁した状態（2 槽培養系）で赤潮藻が死滅した場合は殺藻物質産生型

2）顕微鏡観察により赤潮藻の細胞周辺に細菌が局在している場合は直接攻撃型

しかし殺藻物質産生型の殺藻細菌であっても顕微鏡下では赤潮藻周辺に凝集する場合があるほか，2 槽培養系を隔壁する膜の材質や培養条件（光照射の角度や隔壁が垂直方向か水平方向かなど）によって結果が異なることもあり，その判断は難しい．結局，殺藻のために赤潮藻への接触が必要な直接攻撃型の殺藻細菌であっても，接触後，溶藻酵素などを分泌すると考えられるため，すべての殺藻細菌は細胞外に殺藻物質を産生するともいえる．おそらく，産生される殺藻物質が水に溶けやすい場合には殺藻物質産生型となり，比較的疎水性が強い場合には直接攻撃型となるのではないだろうか．

その一方で，これまでにデータベース化された殺藻細菌のうち，Alt グループの細菌は殺藻物質産生型が多く，FCB グループの細菌は直接攻撃型が多い（表 6·1）．これは，それぞれの殺藻細菌の生態学上のニッチェが異なっていることを示唆しているのかもしれない．一般に FCB グループは鞭毛をもたず滑走運動するものが多いが，海洋環境においても比較的底層に生息し，上方から沈降してくる赤潮藻の分解に深く関わっているのかもしれない．我々の広島湾の調査では FCB グループの殺藻細菌は比較的底層で優占していたほか [14]，FCBグループの殺藻細菌を特異的に識別する抗体を用いた生態調査でも，赤潮終期に中底層でこの細菌群が増加したことが最近報告されている [16]．海洋生態学上，殺藻細菌のこのような住み分けは興味深い．また，直接攻撃型の殺藻細菌は，性質上，赤潮藻を中心とした凝集塊を作ることが多く，MPN 法計数の際の前濾過*[1] によって除かれてしまう可能性が高い．このグループの殺藻細菌数がこれまで過小評価されていることも考えられる．

3·2 殺藻特異性

殺藻細菌を赤潮の駆除に用いる場合，対照となる赤潮藻以外の生物に対して影響が少ない方がよい．そのため，分離された殺藻細菌は多くの場合，数種の微細藻に対する殺藻活性（殺藻特異性）が検討されることになる．我々が田辺湾から分離した数種の殺藻細菌について渦鞭毛藻，珪藻，およびラフィド藻に対する殺藻活性を調べたところ [13]，珪藻は複数の殺藻細菌に対して比較的耐性があるのに対して，ラフィド藻と渦鞭毛藻は多くの殺藻細菌によって殺滅された．なかには *G. mikimotoi* に対してのみ殺藻活性を示すものもあったが，概して殺藻活性の強い細菌は殺藻特異性が低く，特異性が高い細菌はどちらかというと殺藻にいたるまで時間がかかる傾向があった．殺藻特異性の検討にも実験上難しい点があり，殺藻細菌の初期接種密度や殺される側の赤潮藻のコンデ

*[1] MPN 法で殺藻細菌を計数する場合，微細藻の捕食者である微小動物プランクトンを除くために孔径 1 μm 程度のフィルターでまず濾過し（前濾過），その濾液を段階希釈して対象となる微細藻の培養に接種する．

ィション（培養齢や細胞密度）によって結果が一変することもある．おそらく，赤潮藻用の無機培地における殺藻細菌の増殖能力や赤潮藻側の耐性の変化などによると思われる．

直接攻撃型の細菌による殺藻メカニズムの研究は少ないが，細菌が産生する殺藻物質に関していくつかの研究がなされている．我々は田辺湾から分離した *Alteromonas* 属の新種と思われる殺藻細菌（E401 株）から水溶性で易熱性の *G. mikimotoi* 殺藻物質を部分精製に成功した．この物質は分子量が約 64,000 のタンパク質で，細菌をペプトン培地で培養したときには生産されず，*G. mikimotoi* と共存させた時のみ培養濾液中に排出される．またこの物質は *G. mikimotoi* のほか，*Alexandrium catenella* や *Heterocapsa circularisquama* などの渦鞭毛藻には作用するものの，数種の珪藻やラフィド藻，アオサは殺滅せず，殺藻特異性が高かった．しかしこの細菌自体を赤潮藻の培養に接種した場合は珪藻やラフィド藻も殺滅することから，我々は殺藻特異性の異なる複数の殺藻物質が存在するのではないかと考えて，さらに物質の検索を進めた．そ
の殺藻物質が存在するのではないかと考えて，さらに物質の検索を進めた．そ
の結果，上記の殺藻物質とは分子量や殺藻特異性の異なる新たな殺藻物質を発見した（表 6·2）．これらの殺藻物質の産生条件や機能などの詳細はわかってい質を使い分けていることが示唆されて興味深い．

その他にも，複数の研究者により，培養濾液中から殺藻物質の探索が試みら

表 6·2 *Gymnodinium mikimotoi* 殺藻細菌 E401 株（*Alteromonas* sp.）が産生する *G. mikimotoi* 殺藻物質（GMK-1）と *Heterosigma akashiwo* 殺藻物質（HAK-1）の殺藻特異性．＋：殺藻，－：影響なし

標的微細藻	殺藻活性	
	GMK-1	HAK-1
Raphidophyceae		
Heteroshigma akashiwo	－	＋
Chattonella antiqua	－	－
Chattonella marina	－	＋
Dinophyceae		
Gymnodinium mikimotoi	＋	＋
Heterocapsa circularisquama	＋	＋
Alexandrium tamarense	＋	－
Alexandrium catenella	＋	－

れているが，殺藻細菌をペプトン培地で培養した培養濾液を用いる場合は注意を要する．特に 10^9 細胞 / ml にも及ぶ高密度の細菌培養液では，おそらく細菌細胞膜成分に由来すると思われる脂溶性の物質がしばしば赤潮藻を殺滅する．いうまでもなく，自然の海水中でこのような高濃度に細菌が増殖することはなく，実際の環境下で機能している殺藻物質を探索するためには，赤潮藻と殺藻細菌の共存培養濾液から探さねばならない．しかし，死滅した赤潮藻の培養濾液中にも細菌に由来しない殺藻物質（珪藻の中には自己溶解物質をもつものも知られている）が存在する可能性もある．そこで大竹ら[17]は殺藻活性を失った変異株と野生株の殺藻細菌（A28 株）とを比較することで珪藻 *Skeletonema costatum* 殺藻物質を同定した．これはセリンプロテアーゼの一種でこの酵素の産生能を失った変異株は珪藻殺藻能を失うこと，精製したセリンプロテアーゼには珪藻殺藻活性があることから，この酵素が細菌による珪藻殺滅に深く関与していると断定した．また大竹らの手法は，殺藻物質検索の際の上記の問題点を回避する一つの手段として有効であろう．

§4. 赤潮対策としての殺藻細菌の応用

ひとたび赤潮が発生した場合，沿岸の漁業や生態系に与える影響は大きい．そのためなるべく赤潮の発生を防ぐとともに，発生時にはできるだけ迅速に対処する必要がある．これまで，粘土や過酸化水素などを利用した赤潮駆除法が考案・開発されてきたが[18, 19]，下記の点で海洋微生物を利用する方法と比べて劣る．まず，微生物を用いた場合，海洋における自律的な増殖が期待できるため，初期散布量が少なくてよい．また，もともと天然物であるため，他生物に与える影響が少ないと考えられる．特に細菌は海洋環境において質・量ともに重要であり，この細菌群集を人為的にコントロールすることで赤潮をコントロールすることが可能かもしれない．

上記の観点から殺藻細菌を単離する場合の指標を考えると，

1）殺藻活性が高い

2）殺藻特異性が高い（他生物への影響が少ない）

3）環境中で優占している

の 3 点が微生物剤として殺藻細菌に求められる特質であろう．さらに，分離された殺藻細菌は，その分類学的性状をリスト化・データベース化するとともに，実験室内でその増殖特性や殺藻メカニズムなどの詳細を解析せねばならない．そのうえで，最適な応用法をマニュアル化する必要がある．この研究ストラテジーを図6·4にまとめる．

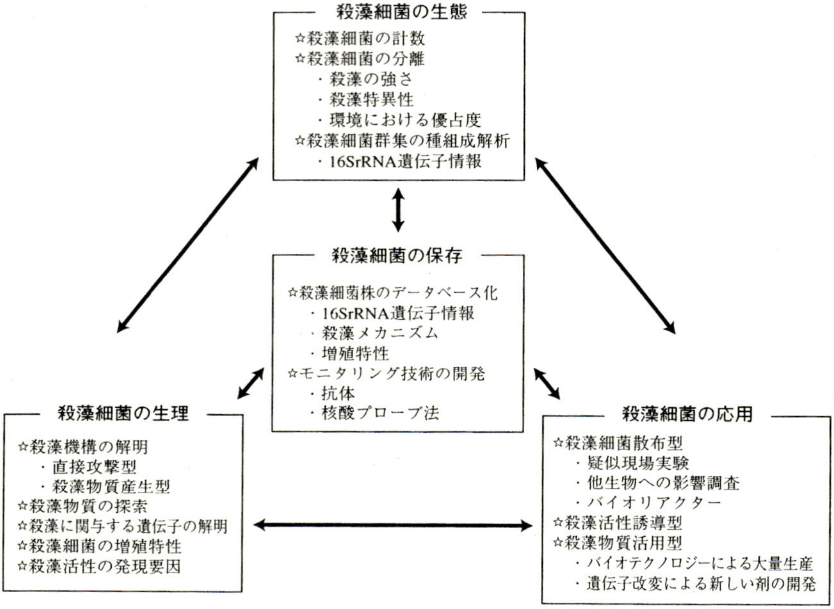

図6·4　殺藻細菌による赤潮防除法開発のための研究ストラテジー

これまでの研究から，海洋環境には多様な殺藻細菌集団が普遍的に存在していることが明らかになった．さらに分離された殺藻細菌の多くは海水中で増殖できることから，新たなバイオレメディエーション技術としてこれらを赤潮駆除に応用できる可能性は高い．

さて，殺藻細菌を赤潮対策として用いる場合，その使用法として，

1）殺藻細菌自体を散布する（バイオオーギュメンテーション）．

2）現場の殺藻細菌を活性化する（バイオスティミュレーション）．

3）殺藻細菌から得られた殺藻物質を散布する（有用遺伝子資源）．

が考えられる．それぞれの応用法について利点と問題点，そして今後の展望を

述べる.

4･1　殺藻細菌の散布

これまでに分離された殺藻細菌の多くは, 10^6 細胞 / ml 以上の細胞密度ではじめて赤潮藻を殺滅することが室内実験から明らかになっている. 細菌種によってはその 10～100 倍の細菌細胞密度が必要なこともある. つまり, 実際の海洋環境でこの細胞密度になるように細菌を散布するとなると, 10 m×10 m×10 m の水柱にたいして 10^9 細胞 / ml の高密度まで増殖させた細菌培養液を 1,000 l 以上散布せねばならない. 開放流動系で物質が拡散しやすい海洋ではおそらくそれ以上の散布量が必要となるため, あまり現実的ではない. むしろ殺藻細菌の海洋環境での自律的な増殖を期待して, 初期には比較的低濃度で散布することになろう. しかし, これまでに流出油汚染に対するバイオレメディエーションなどで指摘されているように, 環境中に散布された有用細菌は現場の細菌群集との競争に負けて充分に増殖・定着しないことが多い. もともと赤潮環境下で量的に優占種として分離された殺藻細菌であっても, 今後, ミクロコスムやそれ以上のスケールで殺藻細菌の生残性・定着性を検討する必要がある. その際, 簡便な殺藻細菌のモニタリングツールとして, 抗体や核酸プローブなどをあらかじめ開発する必要があろう [20]. さらに他生物, とりわけ魚介類に対する毒性試験や保存・散布方法も検討する必要がある.

また, 生簀などの比較的狭い海域が対象であれば, 固着剤に細菌を吸着させたカラムに海水を循環させることで, 赤潮藻のみを除くバイオリアクターを開発できるかもしれない (図 6･5). その場合は, カラム中で増殖した余剰の殺藻細菌を再び生簀中に供給できることから, 殺藻細菌自動散布機能も兼ねることになる. しかしこの場合も, カラム中で殺藻細菌が優占的に増殖するような条件を検討せねばならず, 今後の課題である.

4･2　現場の殺藻細菌の活性化

これまでの報告によると, 流出油汚染などに対して比較的有効だったのは, 窒素やリンを多く含む栄養剤を散布することによってもともと現場に存在する油分解細菌の活性を強化するバイオスティミュレーションであった. それでは沿岸環境に普遍的に存在している殺藻細菌についても, 人為的にその数を増やしたり殺藻活性を増強する方法はないであろうか？　最近, 今井らによって大

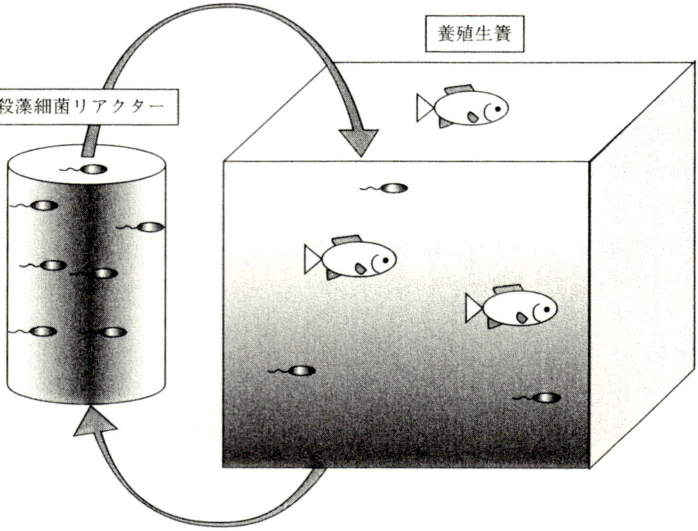

図 6·5　殺藻細菌リアクターによる殺藻細菌自動散布システム

型藻類周辺には各種の殺藻細菌が多く生存しているという報告がなされた（第 2 章）．このことは，赤潮発生域に大型藻類の群落を作出することで，その海域の殺藻細菌数を高密度に維持できるのではないかという期待を抱かせる．第 2 章の今井による大型藻類と魚類の混合養殖はそのアイデアの具体例である．

一方，筆者らが分離した *Alteromonas* sp. E401 株が複数の殺藻物質を使い分けることでいろいろな赤潮藻を殺滅することは前述した（表 6·2）．さらに筆者らは，赤潮藻に由来する何らかの物質がこれらの殺藻物質産生を誘導すること示す実験結果を得ている [19]．同時に我々は，16S rDNA-RFLP 解析を用いた生態的な調査から，西日本の各地で発生した *G. mikimotoi* や *Cochlodinium polykrikoides* などの渦鞭毛藻赤潮に際して E401 株と同種の殺藻細菌が優勢に出現することを明らかにしている（未発表）．以上の知見から，西日本の沿岸域に普遍的に生存している本種の殺藻細菌の殺藻活性を誘導する物質を散布することによって，海域全体の殺藻活性を強化できるのではないかと考えている（図 6·6）．他の殺藻細菌についても，同様の殺藻誘導を確認しており，現在これらの"殺藻誘導物質"の分離・同定を目指している．

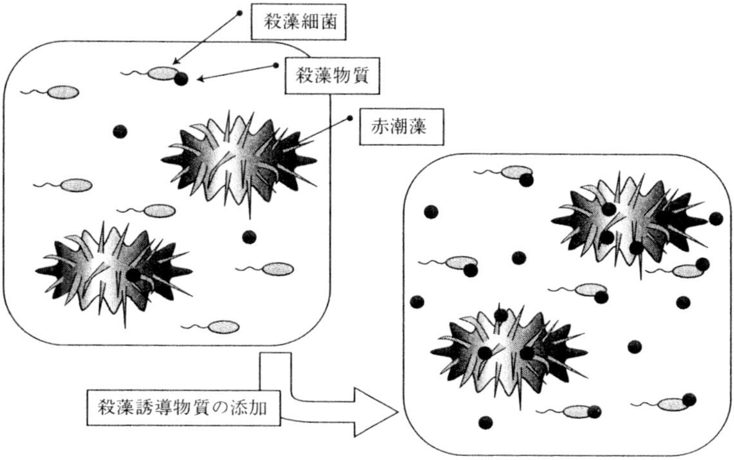

図6･6　殺藻誘導物質によるバイオスティミュレーション

4･3　殺藻物質の散布

もし殺藻細菌から有効な殺藻物質を得られたならば，それはいわゆる天然物由来の薬剤である．この場合，不必要に多量に散布しないかぎり，赤潮駆除のために開発されてきた他の薬剤と比較して環境や他の生物に与える影響は少ないと考えられる．また，その生産に関わる遺伝子が同定できれば，バイオテクノロジー技術を用いた大量生産が可能となり，コスト面でも実用化しやすい．前述の珪藻殺藻細菌 A28 株の産生するセリンプロテアーゼは，すでにその遺伝子が同定されており，今後，生物毒性，環境中での安定性，有効な散布方法などを詳細に検討すればもっとも実用化に近いと思われる．

また大竹らは，A28 株から得られた複数のプロテアーゼの中で珪藻殺藻活性があったのはこの酵素だけであったことから，珪藻の殺藻にはプロテアーゼとしての活性だけではなく珪藻の細胞表層への結合を担う領域（レクチンドメイン）が分子内に必要なのではないかと推測している[17]．これはすでに報告されている酵母溶解細菌 *Ranobacter facitabidus* のプロテアーゼ C 末端側領域が酵母に対するレクチン様活性をもっている[32]ことが根拠となっている．今後，A28 株の産生するセリンプロテアーゼによる珪藻溶藻メカニズムが明らかになることを期待したい．同時にこの知見は，バイオテクノロジー技術を用いて既存のプロテアーゼに特定の赤潮藻のみを認識するレクチンドメインを付加することによって，特異性の高い赤潮駆除剤を開発できるのではないかというアイデアを導き出す（図 6·7）．その場合，殺藻活性はなくとも特定の赤潮藻に吸着する細菌を環境中から検索することが，赤潮駆除剤開発の早道となるかもしれない．

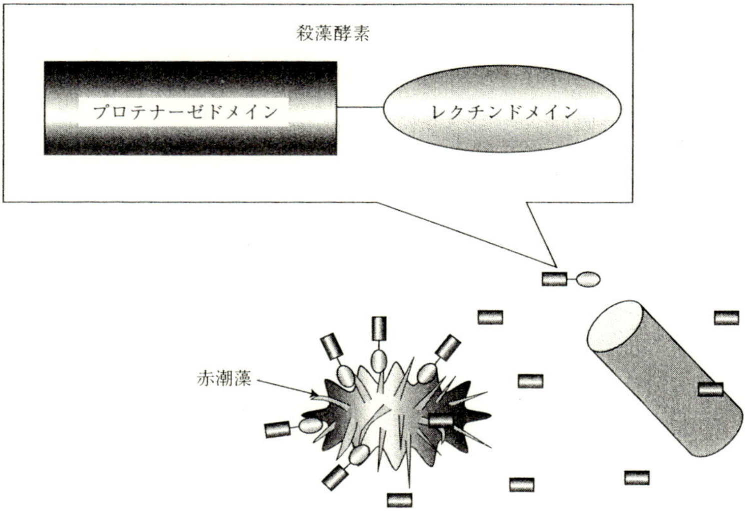

図 6·7　赤潮藻特異的な殺藻プロテナーゼのデザイン

4·5　実用化への道

以上のように，各地から分離される殺藻細菌を赤潮の駆除に応用できる可能性は低くない．しかしその他のバイオレメディエーションでも指摘されているように，開放流動系の海洋環境では，有用細菌をいかに効率よくその場で定着させ活性を維持させるかが問題である．本論ではいくつかのアイデアを提示したが，実際には殺藻細菌を応用する 1）海域の広さや海況，2）対象の赤潮藻種，3）赤潮の抑制を目的とするのか駆除を目的とするのか，4）時間的にはどの程度猶予があるのか，などの要件にしたがって，1 つないし複数の応用法を試みる必要があろう．例えば，殺藻細菌を散布する場合も赤潮藻由来の何らかの物質を同時に散布することで，より定着率を高めることができるかもしれない．今後はより実用化を目指した実験研究が望まれる．

文献

1）J. J. Cole : *Ann. Rev. Ecol. Syst*, 13, 291-314（1982）.

2）D. G. Swift and R. R. L. Guillard : *J. Phycol*, 14, 377-386（1978）.

3）T. Maki, I. Yoshinaga, N. Katanozaka and I. Imai：投稿中.

4）東原孝規：月刊海洋，30（10），613-621，(1998).

5）K. H. Baker and D. S. Herson : *Appl. Environ. Microbiol*, 35, 791-796（1978）.

6）I. Yoshinaga,, T. Kawai, T. Takeuchi and Y. Ishida : *Fish. Sci*, 61, 780-786 (1995).

7）I. Imai, M.-C. Kim, N. K. Nagasaki, S. Itakura, and Y. Ishida : *Plankton. Biol. Ecol*, 45, 19-29（1998）.

8）I. Imai, M.-C. Kim, N. K. Nagasaki, S. Itakura, and Y. Ishida : *Phycol. Res*, 46, 139-146（1998）.

9）M. C. Kim, I. Yoshinaga, I. Imai, K. Nagasaki, S. Itakura, A. Uchida and Y. Ishida : *Mar. Ecol. Prog. Ser*, 170, 25-32（1998）.

10）K. Fukami, T. Nishijima, H. Murata and Y. Hata : *Nippon Suisan Gakkaishi*, 57, 2321-2326（1991）.

11）K. Fukami, T. Nishijima and Y. Ishida：*Hydrobiologia*, 358, 185-191（1997）.

12）I. Yoshinaga, M. C. Kim, K. Tsujino, M. Nakajima, K. Yamamoto, A. Uchida and Y. Ishida : *Fish. Sci*, 65, 786-787 (1999).

13）I. Yoshinaga, T. Kawai and Y. Ishida : *Fish. Sci*, 63, 94-98（1997）.

14）I. Yoshinaga, M. C. Kim, N. Katanozaka, I. Imai, A. Uchida and Y. Ishida : *Mar. Ecol. Prog. Ser*, 170, 33-44（1998）.

15）A. Mitsutani, A. Uchida and Y. Ishida : *Bull. Jap. Soc. Microb. Ecol*, 2, 21-28（1987）.

16）I. Imai, T. Sunahara, T. Nishikawa, Y. Hori, R. Kondo and S. Hiroishi : *Mar. Biol*, 138, 1043-1049（2001）.

17）大竹久夫：海洋微生物による赤潮藻撲滅のためのバイオコントロール，水産庁漁場保全課，2000，39-48.

18）石田祐三郎：赤潮と微生物－環境にやさしい微生物農薬を求めて－（石田祐三郎，菅原　庸編），恒星社厚生閣，1994，pp.9-21.

19）Y. Ishida, I. Yoshinaga, M. C. Kim and A. Uchida : *In* "Progress in Microbial Ecology, Proceedings of the 7th International Symposium on Microbial Ecology" (ed by M. T. Martins, M. I. Z. Sato, J. M. Tiedje, L. C. N. Hagler, J. Dereiner, P. S. Sanchez)，Brazilian Sciety for Microbiology, Brazil, pp.495-500, 1997.

20）R. Kondo, I. Imai, K. Fukami, A. Minami and S. Hiroishi : *Fish. Sci*, 65, 432-435.

21）G. J. Doucette, E. R. McGovern and J. A. Babinchak : *J. Phycol*, 35, 1447-1454（1999）.

22）K. Fukami, A. Yuzawa , T. Nishijima and Y. Hata : *Nippon Suisan Gakkaishi*, 58, 1073-1077（1992）.

23）I. Imai, Y. Ishida and Y. Hata：*Mar. Biol.* 116, 527-532（1993）.

24）I. Imai, Y. Ishida, K. Sakaguchi and Y. Hata : *Fish. Sci.* 61, 624-632（1997）.

25）C. Lovejoy, J. P. Bowman and G. M. Hallegraeff : *Appl. Environ. Microbiol*, 64, 2806-2813（1998）.

26）Kitaguchi, N. Hiragushi, A. Mitsutani, M. Yamaguchi and Y. Ishida : *Phycologia*,

40, 275-279 (2001).

27) A. Mitsutani, I. Yamasaki and H. Kitaguchi, J. Kato, S. Ueno and Y. Ishida : *Phycologia*, 40, 286-291 (2001).

28) I. Yoshinaga, T. Kawai and Y. Ishida : *In* "Harmful Marine Algal Blooms" (ed. by P. Lassus, G. Arzul, E. Erard, P. Gentien, C. Marcaillou) , Lavoisier publishing, Paris, pp.687-692, 1995.

29) 今井一郎, 中桐　栄, 牧　輝弥：日本プランクトン学会報, 46, 172-177.

30) 満谷　淳：水産大学校研究報告, 45, 165-257 (1997).

31) T. Sakata and H. Yasumoto : *Nippon Suisan Gakkaishi.*, 57, 2139-2143 (1992).

32) H. Shimoi, Y. Iimura, T. Obata, M. Tadenuma : *J. Biol. Chem.*, 267, 25189-25195 (1992).

7. 従属栄養性渦鞭毛藻類による赤潮生物の制御

中 村 泰 男*

1984 年夏，生まれて初めて海の環境調査を経験した．筆者の所属する研究室が，播磨灘・家島諸島の漁師小屋を借り受けて，赤潮発生と環境との関わりを現場ベースで研究することになったからである．その折，小屋に設置した顕微鏡で播磨灘の海水を眺めてみると，さまざまな植物プランクトンに混じってアメリカンフットボール状の無色の生き物がふらふら泳いでいた．これは一体何だろう？ 図鑑で調べてみると，光合成色素をもたない渦鞭毛藻（つまり従属栄養性渦鞭毛藻）のようであった．こいつらは何を食って生活しているのだろう？ 素朴な疑問が頭を過った．以来，毎夏，家島諸島で海洋環境調査を行うようになり，さまざまな大きさのフットボール（体長 20～100 μm；今にして思うと *Gyrodinium* spp.）にしばしば遭遇した．しかし，依然として気になる存在ではあるものの，彼らが研究ベースで顧みられることはなかった．

1989 年夏，家島諸島周辺にラフィド藻 *Chattonella antiqua* による赤潮が発生した．その数日後の朝，漁師小屋で調査の準備をしていると，ハマチの養殖業者が，一升瓶に養殖場の海水を詰めてやってきた．昨日までの赤潮と異なり，今日はやけに海水が緑色っぽいという．顕微鏡でその海水を眺めると，非常に多数（～100 cells / m*l*）のフットボール（実は従属栄養性渦鞭毛藻の一種である *Gyrodinium* sp.；体長～80 μm）が泳いでおり，*C. antiqua* は申し訳程度（～10 cells / m*l*）しか存在していなかった．しかもかなりの割合で，フットボールの体内には *C. antiqua* 由来と思われる巨大な食胞が存在していた．「フットボールは赤潮を消滅させる！」と確信した筆者は，この海水を勤務先に持ち帰り，*C. antiqua* を餌として，*Gyrodinium* sp. の培養を確立した．そして，従属栄養性渦鞭毛藻による赤潮の除去の可能性についての研究をスタートさせた．

こうした経験を背景に，本稿では筆者がこれまで行ってきた従属栄養性渦鞭

---

* 国立環境研究所

毛藻の生態や赤潮との関わりに関する研究を紹介しつつ，彼らによる赤潮生物制御の可能性についての検討を加える．

§1．従属栄養性渦鞭毛藻とは

従属栄養性渦鞭毛藻（heterotrophic dinoflagellates）は光合成色素をもたず，細胞外部から有機物を取り込むことで従属栄養的に生活を維持している渦鞭毛「藻」類である．彼らが有機物を獲得する方法は，溶存有機物を直接細胞膜を通して取り込む方式と，固形の有機物を餌として捕まえる方式に大別されるが[1]，プランクトン性の従属栄溶性渦鞭毛藻類では摂餌性の種が殆どである．また，摂餌方式は，縦溝の部分から直接飲み込むもの，注射針状の器官を餌に差し込み，細胞内容物を吸い込むもの，投網状の袋を餌に投げかけて包み込み，消化液を袋の中に注入して細胞外消化を行うものなど様々である[2]．

従属栄養性渦鞭毛藻類の存在は今世紀初頭から知られていた．しかし，その研究は分類学を指向したものであり，生態的な側面は殆ど省みられることがなかった．1970 年代になって蛍光顕微鏡が海洋プランクトンの研究室に導入され始めると，青色励起光下，葉緑体由来の赤色蛍光の有無により，独立栄養・従属栄養生物の識別が容易になり，従属栄養性渦鞭毛藻類が海の中にどの程度存在しているのかが調べられるようになった．そして，渦鞭毛藻類約 2,000 種のうちそのほぼ半数が従属栄養性であり，世界の海に広く分布していること，また，現存量的にも，繊毛虫類と肩を並べうることが明らかとなった[3]．1990 年代に入ると，従属栄養性渦鞭毛藻類の摂餌・増殖に関する研究が行われ始めた．そうした中で明らかになった点は，彼らは自分と同程度の大きさの餌を好んで食べるという特徴である（例えば，Hansen の研究[4]）．彼らの細胞長は大体 10～100 μm であるから，餌としては「普通の」植物プランクトンが主体となる．したがって，従属栄養性渦鞭毛藻類は，体長ではカイアシ類より一桁小さいものの，普通の植物プランクトンを主な餌とするという点において，カイアシ類と競合関係にあると考えられる．

なお，夜光虫（*Noctiluca scintillans*）は，典型的な渦鞭毛藻とは懸け離れた形状をしているが，生活史の一部に渦鞭毛藻状のステージがあるので，（従属栄養性）渦鞭毛藻に分類される．

§2. 従属栄養性渦鞭毛藻：実験室培養系での増殖と摂餌

1989 年夏の家島での環境調査終了後，赤潮生物 *Chattonella antiqua* を餌として，*Gyrodinium* sp. の培養を確立した．餌が充分（>500 cells / m*l*）ある際に，本種は 速やかに増殖し（増殖速度 0.9 / d），植継ぎ後 1 週間で，*C. antiqua* を食い尽くした（図 7･1）．一方，*Gyrodinium* sp. が *C. antiqua* を捕食する速度は，*C. antiqua* 細胞濃度の減少速度から計算され（図 7･2），*Gyrodinium* sp. は 1 日に約 4 個の *C. antiqua* を捕食していることが示された[5]．しかしながら，これらの結果を得た直後，*Gyrodinium* sp. の培養株の成育が極端に劣化したため（原因不明），本種を用いての増殖／摂餌のより詳細な解析は不可能となった．

1993 年夏，家島の海水から，瀬戸内海で最もポピュラーな従属栄養性渦鞭毛藻である *Gyrodinium dominans*（細胞長 40 μm；餌を直接飲み込む）を単

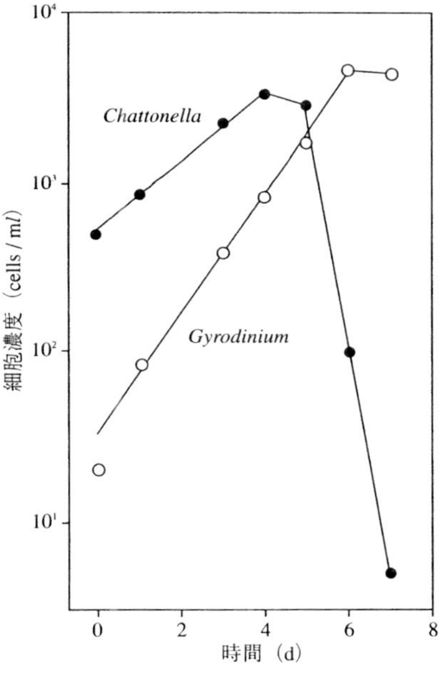

図 7･1　*Chattonella antiqua*（●）を餌とした時の *Gyrodinium* sp.（○）の増殖．6 日後に *C. antiqua* はほとんど食べ尽くされる．

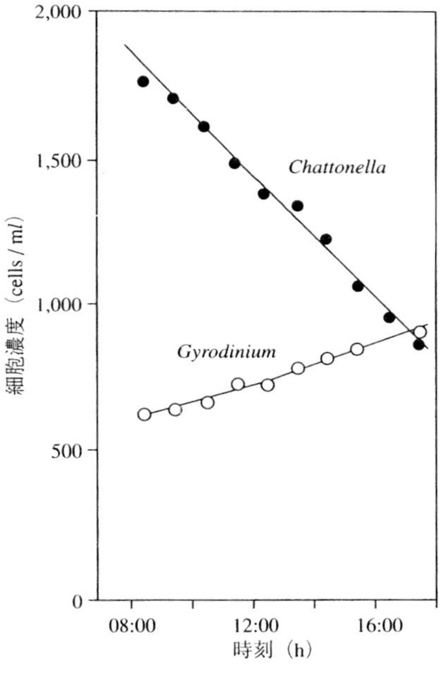

図 7･2　*Gyrodinium* sp.（○）による *Chattonella antiqua*（●）の摂餌．8 時間で *C. antiqua* の細胞濃度が半減する．*Gyrodinium* sp. の濃度も 1.4 倍程度に増加する．

離してクローン培養を確立し，その増殖と摂餌に関する実験を行った[6]．*G. dominans* は，*Gymnodinium mikimotoi* や *Heterocapsa triquetra* などの独立栄養性渦鞭毛藻類（いずれも細胞長約 30 μm）や，珪藻類の *Thalassiosira* sp.（細胞長 5 μm；群体を形成する）を餌として速やかに増殖し，最大増殖速度は 1.4 / d に達した．独立栄養性渦鞭毛藻類の増殖速度が高々 0.7 / d であることを考えると[7]，従属栄養による増殖がいかに効率のよい過程であるかが判る．また，*H. triquetra* を餌とした際の，増殖速度の餌濃度依存性を調べ（図 7･3），増殖の閾値は 30 cells / m*l* 程度であり，100 cells / m*l* で増殖速度が 0.5 / d に達することを示した．一方，摂餌速度の餌濃度依存性は，*H. triquetra* および *Nephroselmis rotunda*（プラシノ藻類；粒径 5 μm）を餌として検討した．方法は，いわゆる FLB 法に準拠する．すなわち，餌フリーの状態にある *G. dominans* に，濃度既知の植物プランクトンの餌を与える．一定時間培養した後，*G. dominans* の体内に取り込まれた餌の数を蛍光顕微鏡で計数し，摂餌速度に換算する．*H. triquetra* を餌とするとき，摂餌速度は Michaelis-Menten タイプの式で近似でき，半飽和定数が 180 cells / m*l*，最大摂餌速度が 14 prey/predator / d なる値が得られた（図 7･4）．また，*N. rotunda* を餌とする場合には，摂餌速度は餌濃度とともに直線的に増加するものの，その速度は炭素ベー

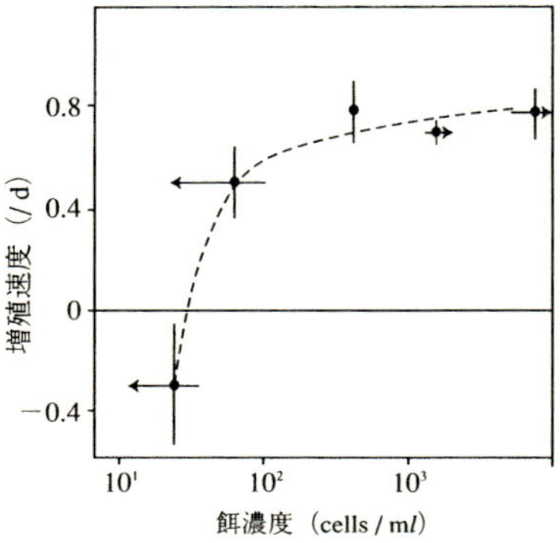

図 7･3　*Heterocapsa triquetra* を餌とした時の *Gyrodinium dominans* の増殖：増殖速度の餌濃度依存性．矢印は培養中の餌濃度の変化を示す．

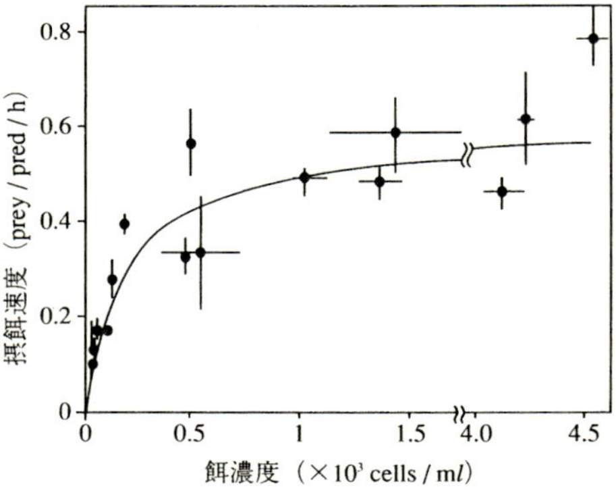

図 7･4　*Gyrodinium dominans* による *Heterocapsa triquetra* の摂餌：摂餌速度の餌濃度依存性．

スで小さく，このような小型のプランクトンのみを餌としては，*G. dominans* は瀬戸内海では（餌濃度が低くすぎるため）生きてゆけないことが判明した．こうした一連の摂餌・増殖実験の結果をもとに試算を行うと，*G. dominans* は 200 cells / m*l* 規模の *G. mikimotoi* 赤潮を，大体 1 週間くらいのタイムスケールで消滅させると予想された．

§3. 従属栄養性渦鞭毛藻：現場での消長

1994 年夏の家島において，植物プランクトン群集の変動と従属栄養性渦鞭毛藻類の消長との関連を検討した．また，従属栄養性渦鞭毛藻類の現場増殖速度を，現場海水を用いての培養実験により求めた．この年は，1984 年に家島での調査を開始して以来，初めて渦鞭毛藻 *Gymnodinium mikimotoi* の赤潮が発生した[8]．そして，赤潮の発生とともに従属栄養性渦鞭毛藻類の *Gyrodinium dominans* や *Gyrodinium spirale* の個体数が増加した（図 7·5）．さらに，赤潮発生期間中のこれら従属栄養性渦鞭毛藻類の現場増殖速度は 1.0 /d に達し（赤潮が発生していない場合は <0.5 / d），体内には *G. mikimotoi* に由来すると思われる大きな食胞がしばしば観察された．こうして，従属栄養性渦鞭毛藻

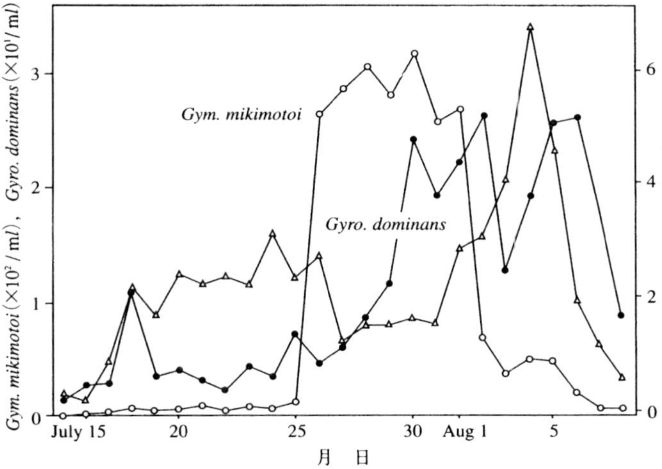

図 7·5　*Gymnodinium mikimotoi* 赤潮の発達に伴う従属栄養性渦鞭毛藻類の消長．
○：*G. mikimotoi*，●：*Gyrodinium dominans*，△：*Gyrodinium spirale*.

類は赤潮生物を捕食することで個体群を拡大したことが明らかとなった．さらに8月1日から2日にかけての赤潮の急速な減衰は，培養系での摂餌速度の測定結果から計算される値と同程度であった．以上の結果により，従属栄養性渦鞭毛藻類は赤潮を消滅させるという重要な役割を果たしていることが分かった．

§4．夜光虫の生態

フットボール（*Gyrodinium* spp.）とならび，夜光虫（*Noctiluca scintillans*；細胞直径 300〜800 μm）はとても気になる存在だった．ある日突然集積して，海表面を真っ赤に染め，夜は青白くきらめく彼らの生態を調べてみたいと思っていた．

夜光虫の分布に関する報告は世界各地でなされているが，その生態についての系統だった研究は 90 年代半ばまで殆どなされていなかった．そこで 1997 年に，*Chattonella antiqua* を餌として，夜光虫の培養を確立し，その炭素含量や摂餌／増殖を実験室で調べた[9]．また，同年夏の家島調査では夜光虫の個体数の時空間分布，バイオマス，現場増殖速度を求め，彼らが物質循環に果たす役割や赤潮を消滅させる可能性について検討を加えた[10]．以下にそのあらましを示す．

夜光虫の炭素含量は細胞の体積当たり 2.3 fg C / μm^3 と求められた．これは他の従属栄養性渦鞭毛藻類や繊毛虫類で報告されている値より 2 桁小さかった．このことは夜光虫が巨大な水袋である（細胞の殆どが液胞によって占められている）ことに起因している．彼らはまた，さまざまな植物プランクトンを餌として体内に取り込むことができ，摂

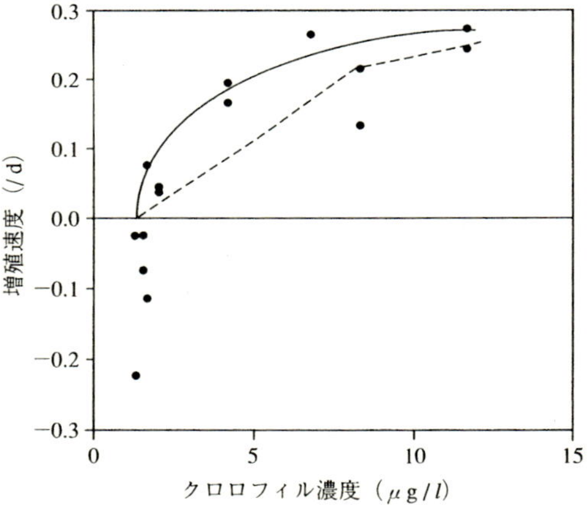

図7·6　夜光虫の増殖速度のクロロフィル濃度依存性．餌として家島の天然植物プランクトンを使用．点線は *Chattonella antiqua* の培養株を使用した場合[9, 10]．

餌速度は餌濃度に比例して増加した．しかし，その単位炭素重量当たりの摂餌速度は他の従属栄養性渦鞭毛藻類に比べ，ほぼ1桁小さかった．摂餌速度が小さいことは増殖にも反映し，増殖速度は最大で～0.3 / d，増殖の閾値は約2 μg Chl-*a* / *l* であった（図7·6）．

一方，1997年夏の家島では，珪藻のブルーム（>5 μg Chl-*a* / *l*）とともに夜光虫の水柱平均個体数は徐々に増加した（3日間で100から250 cells / *l*）．この際，夜光虫は表層から10 m深まで，ほぼ均一に分布していた．さらに，珪藻ブルームの終息により全層（0～20 m）でのクロロフィルが激減した際には（<2 μg Chl-*a* / *l*），夜光虫は表層に高密度で集積し（～1,000 cells / *l*），赤潮状態となった．この集積した夜光虫を顕微鏡で見ると，細胞表面に皺がよったような元気のない個体が殆どであった．その後，夜光虫の赤潮は急速に消滅し，水柱平均個体数も10 cells / *l* 以下となった．こうした結果は，夜光虫が比較的高濃度のクロロフィルを含んだ海水中で増殖すること，クロロフィルが増殖の閾値以下になると表層に集積し，その後死滅することを示している．なお，夜光虫の摂餌速度と個体密度を用いて，植物プランクトン群集に与える捕食圧を計算すると，300 cells / *l* の高密度の夜光虫が存在していたとしても，彼らは1日に植物プランクトン現存量のたかだか10%を捕食するに過ぎないことが判る．つまり，夜光虫はそれ自身で赤潮を形成することはあっても，植物プランクトンによる赤潮を消滅させる力は殆どないと考えられる．

§5. 従属栄養性渦鞭毛藻類による赤潮生物の制御は可能か？

Gyrodinium のシスト（休眠胞子）を多量に作り，これを *Chattonella* 赤潮のど真ん中にばらまけば，これぞまさしく赤潮防除の決め手となるのでは？….*Chattonella antiqua* を餌として，*Gyrodinium* sp. の培養が確立できた時（図7·1）こんなことを夢想した．そして，秘密実験と称して *Gyrodinium* sp.のシスト形成を何回か試みた．しかしシストはできなかった．

1995年夏の家島では前年に引き続き *Gymnodinium mikimotoi* の赤潮が発生した．そして，従属栄養性渦鞭毛藻類も前年同様活発に個体群を拡大しはじめた．またしても従属栄養性渦鞭毛藻類の活躍の場面である…と思ったが…突如，有鐘繊毛虫の *Favella ehrenbergii* が大増殖を開始し，赤潮のみならず従属栄養性渦鞭毛藻類も数日の内に食べ尽くしてしまった[11].

従属栄養性渦鞭毛藻類の天敵は他にもいる．夏の瀬戸内海で最も卓越するカイアシ類の *Paracalanus* sp. は従属栄養性渦鞭毛藻類を好んで食べる[12].

夏の瀬戸内海において，従属栄養性渦鞭毛藻類が赤潮の消滅や（今回は触れることができなかったが）物質循環に重要な役割を果たしていることは確かである[13]．しかし，彼らを赤潮生物の制御に用いるためには，今述べたような乗り越えなければならない山々が連なっている．

文　献

1）G. Gains and M. Elbrächter：*In* "*Biology of dinoflagellates*" Blackwell, Oxford, 1987, pp. 224-268.

2）M. Elbrächter：*In* "The biology of free-living heterotrophic flagellates" Clarendon, Oxford, 1991, pp. 303-312.

3）E. J. Lessard：*Mar. Microb. Food Webs*, **5**, 49-58（1991）.

4）P. J. Hansen：*Mar. Biol.*, **114**, 327-334（1992）.

5）Y. Nakamura, Y. Yamazaki and J. Hiromi：*Mar. Ecol. Prog. Ser.*, **82**, 275-279（1992）.

6）Y. Nakamura, S. Suzuki and J. Hiromi：*Aquat. Microb. Ecol.*, **9**, 157-164（1995）.

7）A. R. Loeblich：III. *Phycos*, **5**, 216-255（1967）.

8）Y. Nakamura, S. Suzuki and J. Hiromi：*Mar. Ecol. Prog. Ser.*, **125**, 269-277（1995）.

9）Y. Nakamura：*J. Plankton Res.*, **20**, 1711-1720（1998）.

10）Y. Nakamura：*J. Plankton Res.*, **20**, 2213-2222（1998）.

11）Y. Nakamura, S. Suzuki and J. Hiromi：*Aquat microb Ecol.*, **10**, 131-137（1996）.

12）K. Suzuki, Y. Nakamura and J. Hiromi：*Aquat Microb Ecol.*, **17**, 99-103（1999）.

13）中村泰男：日本プランクトン学会報，**46**, 70-77（1999）.

8．繊毛虫による赤潮生物の捕食制御

神　山　孝　史*

赤潮生物の多くは植物プランクトンであり，プランクトン食物連鎖の一員である．そのため，赤潮形成機構，予測，防除を考える上で植食性動物プランクトンの捕食作用は無視できないテーマである．動物プランクトンの中で浮遊性カイアシ類については，ラフィド藻 *Chattonella* 属に対する詳細な捕食活性のデータが報告されている[1]．その結果，カイアシ類の捕食圧は赤潮生物が低密度の状態ではその動態に大きな影響を及ぼすと考えられるが，捕食者自身の増殖活性は赤潮生物のそれにはるかに及ばないため，高水温では指数関数的に増加する赤潮生物の増殖を制御することは困難であろうと解釈された[2]．さらに，いくつかの赤潮生物には動物プランクトンに拒食される化学的成分をもつことも示された[3]．

一方，近年海洋での微小動物プランクトンの存在とその役割に関する研究が進み，繊毛虫類を含めた微小動物プランクトンがナノプランクトンの捕食者として極めて重要であることが明らかになった[4]．特に，植物プランクトンに対する捕食者として繊毛虫類が重要である点は，体サイズあたりの捕食活性が極めて高いこと[5]と増殖速度が赤潮生物に匹敵もしくはそれを凌ぐことである[6]．このことは赤潮生物が活発に増殖しているとしてもその細胞密度の増加を十分に制御できる可能性を示している．

本稿では，はじめに過去の知見に筆者らの実験結果を交えながら赤潮生物に対する繊毛虫類の捕食活性や増殖応答を整理する．さらに，二枚貝漁業に大きな被害を及ぼす *Heterocapsa circularisquama* 赤潮に注目し，それに対する繊毛虫類の捕食活性と赤潮発生初期における繊毛虫類の捕食圧と *H. circularisquama* の動態への影響を紹介する．また，大量培養した繊毛虫類を海水に注入することを想定した繊毛虫類による有害赤潮制御の可能性と問題点について論議する．

* 独立行政法人　水産総合研究センター　東北区水産研究所

§1. 赤潮生物に対する繊毛虫類の摂食応答

赤潮生物に対する繊毛虫類の摂食応答は，対象とする赤潮生物によってかなり異なる．基本的に，赤潮生物は繊毛虫類の摂食を阻害する何らかの機構をもつ場合が多いようである．その阻害機構の詳細はほとんど明らかにされていないが，赤潮生物が物理的に捕食されにくい仕組みをもつ場合，餌としての栄養的欠陥，拒食または毒成分をもつ場合，あるいはそのような成分を分泌する場合がある（表8･1）．

表8･1　繊毛虫類の捕食・増殖活性を阻害する赤潮生物

赤潮生物	文　献
物理的要因の例（群体形成，刺毛を保有）	
Phaeocystis spp.	Admiraal and Venekamp [24]
diatoms	Verity and Villareal [7]
化学的要因の例（毒成分，拒食成分等）	
Alexandrium spp.	Hansen [10]，Hansenら [25]
Chrysochomulina polylepis	Carlssonら [26]
Aureococcus anophagefferens	Lonsdaleら [12]
Aureoumbra lagunensis（Texas brown tide）	Buskey and Hyatt [11]
Gyrodinium aureolum	Hansen [14]
Heterocapsa circularisquama	Kamiyama and Arima [18]
Heterosigma akashiwo	Taniguchi and Takeda [27]

物理的に捕食されにくい仕組みの典型は珪藻の刺毛（seta や thread）である．Verity and Villareal [7] は培養中の振盪条件を調整することによって異なる長さの刺毛をもった珪藻株を作成し，繊毛虫類に餌料として与えた．その結果，珪藻の刺毛の長さと捕食速度には負の相関が認められ，これまで珪藻が繊毛虫類の良好な餌料とはならない理由は，刺毛が繊毛虫類の捕食を妨げるためと解釈された．また，単体では3～8 μmしかないハプト藻 *Phaocystis* spp. も群体を形成することによって10 mmにも達し [8]，これは，繊毛虫類等微小動物プランクトンによる捕食を受け難くする効果があると考えられる [9]．

捕食動物に対する毒成分や拒食物質を細胞内部または表面に保有したり，分泌する赤潮生物は多い．渦鞭毛藻 *Alexandrium* 属のような麻痺性貝毒原因プランクトンの場合，その毒成分の違いが繊毛虫類の捕食活性や増殖応答に異なる影響を及ぼす [10]．また，アメリカの brown tide 原因種 *Aureococcus anophagefferens* や *Aureoumbra lagunensis* は高密度条件で繊毛虫類の増殖・捕食活性を阻害し[11, 12]，*A. lagunensis* では，その細胞表面の粘膜の特性が関係していると推察されている[13]．*Gyrodinium aurelorum* も細胞外へ分泌する毒成分が繊毛虫類に害作用を及ぼすと推察されている[14]．しかし，いずれの場合も繊毛虫類に害作用を及ぼす成分およびその作用機構を詳細に検討した例はほとんどない．ここで注目すべきはこれらの赤潮生物は低密度条件や他の餌料との混合条件では繊毛虫類に活発に捕食されることである（表 8·2）．また，条件が整えば赤潮生物を餌料として 1 日 1～2 回以上分裂できるような高い増殖活性を発揮できる場合もある（図 8·1）．このことは赤潮生物が比較的低密度の時には繊毛虫類の捕食圧を強く受けることを暗示している．

さらに，低密度条件でだけでなく高密度に増殖した赤潮生物群集にも繊毛虫類の捕食が大きな影響を及ぼしたと解釈されるケースも *Alexandrium*

表 8·2　繊毛虫類に捕食される赤潮生物

赤潮生物	密度条件 (cells / m*l*)	繊毛虫類	文　献
Alexandrium tamarense	250～500	*Favella ehrenbergii*	Hansen[10]，Stoecker ら[28]
Alexandrium ostenfeldii	<2,000	*Favella ehrenbergii*	Hansen ら[25]
Aureococcus anophagefferens	1×10^6	Pleuronematid ciliate	Caron ら[29]
Phaeocystis cf. *globosa*	ca.$3 \sim 4 \times 10^5$	*Strombidinopsis acuminatum*	Hansen ら[30]
Aureoumbra lagunensis	$0.05 \sim 5 \times 10^5$	*Fabrea salina*, *Euplotes* sp.	Buskey and Hyatt[11]
Heterocapsa circularisquama	100～1,000	*Favella* 属 2 種	Kamiyama[20]
Cochlodinium polykrikoides	<2,000	*Strombidinopsis* sp.	Jeong[30]

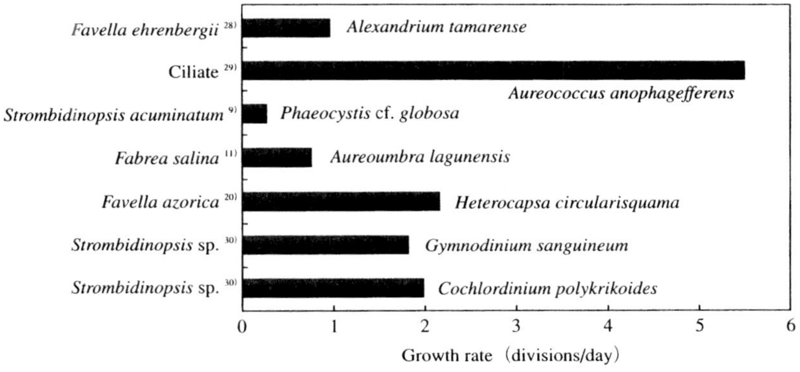

図 8·1　赤潮生物を餌料としたときの繊毛虫類の最高増殖速度

tamarense[15] や *Gymnodinium mikimotoi*[16] について報告されているため，赤潮崩壊時におけるその捕食効果も注目する必要がある．

§2．赤潮生物に対する繊毛虫類の摂食能力

さまざまな赤潮生物に対して繊毛虫類の捕食能力はどの程度になるのであるか？　室内実験で赤潮生物を含めた 10 種類の鞭毛藻類を餌料とした時に，2 種類の繊毛虫類の捕食速度を測定した[17]．維持培養中に高密度に増殖し，餌料を消費し尽くした有鐘繊毛虫 *Favella ehrenbergii* と *Favella taraikaensis* にそれぞれの鞭毛類を餌料として与えた時，繊毛虫内部の食胞に取り込まれる餌

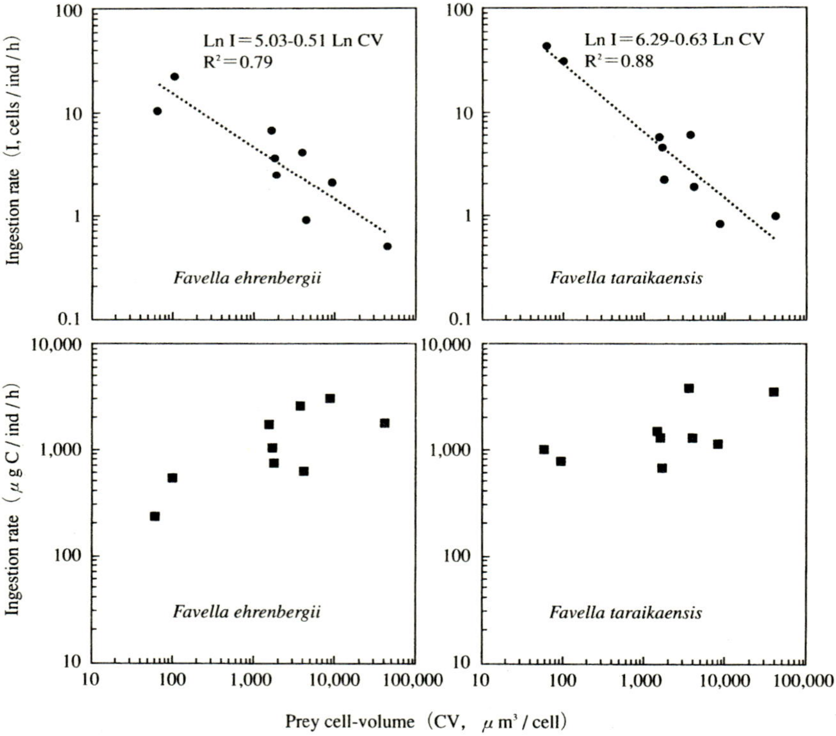

図 8･2　餌料細胞容積と有鐘繊毛虫 *Favella ehrenbergii* と *Favella taraikaensis* の捕食速度との関係（上段：細胞数としての捕食速度，下段：炭素換算値としての捕食速度）（Kamiyama and Arima[17] 一部改変）

料細胞の時間的増加率から捕食速度を求めた．したがって，ここで用いた繊毛虫は一時的な餌不足の状態にあったため，その捕食速度はそれぞれの種がもつ最高値に近いものになると考えられる．餌料容積濃度は捕食活性が安定すると想定される値に設定した．その結果，2 種の捕食速度は餌料となる藻類の大きさに依存し，細胞数で表した捕食速度は概ね小型の藻類ほど高くなった．餌料の大きさと摂食速度の関係は両対数軸で高い負の相関が認められ，その関係式から赤潮生物の大きさの情報から 2 種の繊毛虫類の摂食活性を推定できることがわかった（図 8･2）．単位時間に取り込む炭素量で比較すると概ね大型の餌料で高くなり，エネルギー獲得効率の点から大型の餌料は優れていると考えられる．実際に大きさの異なる 2 種の鞭毛藻類を混合して与えたとき，*F. taraikaensis* は多くの場合で大型の餌料に対し高い捕食選択性を示した[17]．しかし，大型餌料の場合，細胞密度に及ぼす影響は小さくなるため，赤潮生物の捕食者としての視点からは，捕食のインパクトはある程度小型のものに対して大きくなるであろう．いずれにしても，化学的要因を考えない場合，赤潮生物の大きさは，それに対する繊毛虫類の捕食圧を推定するための大きなファクターとなるかもしれない．

§3. *H. circularisquama* 赤潮に対する捕食圧

3･1 *H. circularisquama* に対する繊毛虫類の捕食速度

H. circularisquama は大きさ 20 μm 弱の小型の赤潮生物であり，大きさの点からは繊毛虫類の餌料として適している．しかし，本種が動物プランクトンに及ぼす影響を検討した結果，高密度条件では *H. circularisquama* の細胞表面にあると推定される毒性によって有鐘繊毛虫 *Favella taraikaensis* が短期間に死滅した[18]．また，*H. circularisquama* は夜光虫 *Noctiluca scintillans* とワムシ *Synchaeta* sp. にも強い害作用を示し[19]，本種が二枚貝だけでなく動物プランクトンに対する毒性をもつと推察された．しかし，有鐘繊毛虫類の場合，*H. circularisquama* がおよそ1,000 cells / m*l* 以下では，活発に本種を捕食し，無毒の餌料と同等の速度で増殖できることが判明した[20]．さらにカイアシ類も *H. circularisquama* を活発に捕食することも室内実験で確認された[21]．これらの点から，赤潮形成初期の段階では捕食者となる動物プランクトンは *H.*

circularisquama の動態に大きな影響を及ぼすと推察された．繊毛虫類に焦点を絞り，現場でのその捕食効果を評価するためには *H. circularisquama* に対する捕食活性をより多くの種類について測定する必要がある．そこで，現場繊毛虫類群集に生体蛍光染色した *H. circularisquama* を与え，体に取り込む標識された *H. circularisquama* の細胞数の増加速度を各種類ごとに求めた[22]．この方法であれば室内培養しにくい種類についてもその捕食活性を求めることができる．*H. circularisquama* が出現する夏季から秋季（6～10 月）に 5 回の実験を行って，19 種類の繊毛虫類が *H. circularisquama* を捕食できることを明らかにするとともに，その中の 15 種について初期増殖期（600～800 cells / m*l*）の *H. circularisquama* に対する捕食速度（0.2～14.5 cells / ind / h）を求めることができた（表 8·3）．

3·2　*H. circularisquama* 赤潮発生初期における繊毛虫類の分布特性と捕食圧

さらに，1998 年 8 月の広島湾において *H. circularisquama* 赤潮の発生初期に繊毛虫群集の出現，分布状況を調べた[22]．本種を捕食可能な繊毛虫群集の出現密度は，*H. circularisquama* が 1,000 cells / m*l* を越す密度で非常に少なくなったが，そのレベル以下では細胞密度とともに増加する現象が認められた．上記の実験で得られた各種繊毛虫類の捕食速度と *H. circularisquama* の出現密度から推定した繊毛虫群集の捕食圧は，*H. circularisquama* の細胞密度の半分程度を 1 日に除去できる値に達した（図 8·3）．しかし，この後，広島湾では *H. circularisquama* 赤潮が全域に広がったため，繊毛虫類等の捕食者は赤潮の発生を制御できなかったことになる．繊毛虫類等捕食動物の継続的な調査は実施されなかったため，詳細な理由は不明であるが，*H. circularisquama* 自身の増殖環境が整っていたことと同時に *H. circularisquama* を捕食できる繊毛虫類の衰退が赤潮形成にかかわったかもしれない．

3·3　定点観測での *H. circularisquama* と繊毛虫群集の動態

H. circularisquama が出現した 1998 年 8～9 月に広島湾西岸にある瀬戸内海区水産研究所の桟橋付近で高頻度（1～3 日間隔）の採水調査を行い，本種と繊毛虫類の動態を調べた．調査海域では *H. circularisquama* の水柱平均細胞密度が約 4,000 cells / m*l* まで上昇したが，赤潮状態になることなく 9 月中旬

表8·3 *Heterocapsa circularisquama* に対する現場繊毛虫類の捕食速度（cells / ind / h）（Kamiyamaら[22]より一部改変）

種　類	1997 1. Aug.	25. Aug.	8. Oct.	1998 18. June	1999 1. Oct.	Mean［range］
有鐘繊毛虫類						
Amphorellopsis acuta	1.08±0.16* (537)	0.71±0.79 (21)		+		0.90 [1.08-0.71]
Codonellopsis nipponica				5.03±1.18* (349)		5.03
Eutintinnus lususundae	2.40±1.28 (16)	4.2±1.8 (6)		11.42±3.00* (23)	+	6.01 [2.40-11.42]
Eutintinnus tubulosus				0.23±0.20 (52)		0.23
Favella ehrenbergii	+	+	+	+	13.59±1.66* (101) 15.43±2.11* (63)	14.51 [13.59-15.43]
Stenosemella ventricosa				+	+	
Tintinnopsis corniger	0.16±0.44 (23)			0.85±0.20* (365)		0.51 [0.16-0.85]
T. butschlii				0.16±1.16 (30)		0.16
T. cylindrica	0.40±0.47 (48)	+				0.40
T. directa		0.33±0.15* (428)		0.95±1.41 (13)	0.04±0.07 (234) 0.00±0.03 (257)	0.33 [0.00-0.95]
T. radix			3.75±3.14 (3)	6.31±2.99* (12)	+	5.03 [3.75-6.31]
T. tocantinensis		1.64±1.21 (22)			+	1.64
T. tubulosa			6.00±3.87 (2)			6.00
T. tubulosoides				+		
Tintinnidium mucicola				0.41±0.91 (32)		0.41
Leprotintinnus sp.			+			
無殻繊毛虫類						
Laboea strobila	1.83±0.66* (56)	7.04±1.45* (19)				4.44 [1.83-7.04]
Tontonia sp. 1			0.60±0.48 (14)			0.60
Tontonia sp. 2		+	+			

* $p<0.05$

+：捕食速度を計算できなかったが，*Heterocapsa circularisquama* を捕食していることが認められた種類.

カッコ内は全観察個体数

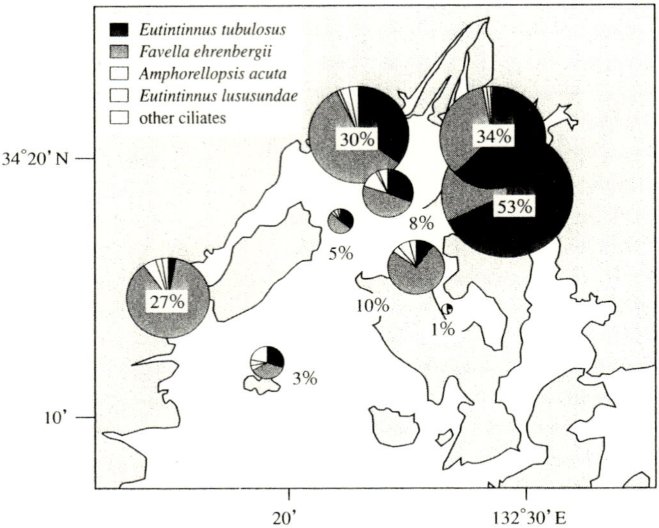

図8·3　1998 年 8 月 20 日の北部広島湾における *Heterocapsa circularisquama* に対する 1 日当たりの繊毛虫類群集の摂食圧．データは，表層と 2 m 層の *H. circularisquama* の平均細胞密度が 10^2 cells / m*l* にあった調査点において，その細胞密度に対する繊毛虫類が 1 日に除去すると予想される割合を示す（Kamiyama ら[22]）

には 1 cells / m*l* 以下に減少した．その間，*H. circularisquama* の細胞密度は増減を繰り返したが，その減少時期に *Favella* 属，*Tontonia* 属，*Eutintinnus* 属の繊毛虫類の水柱平均出現密度が一時的に増加する現象が認められた（図 8·4）．また，上述の各種類の *H. circularisquama* に対する捕食速度とそれぞれのグループの出現密度をもとに，繊毛虫群集の捕食圧（*H. circularisquama* の細胞密度に対する 1 日間の捕食細胞数の割合）の推移を推定した．その結果，*H. circularisquama* が継続的に 1,000 cells / m*l* を越えた時期には捕食圧は数%程度であったが，それ以外の時期には 20%を越すことが頻繁に認められた．特に，調査期間中に 80%以上に達した時期が 2 回あったが，その 1～2 日後に *H. circularisquama* の細胞密度の減少が認められたことが興味深い（図 8·5）．この場合では繊毛虫群集の捕食圧が細胞密度の上昇を強く制御していた可能性がある．

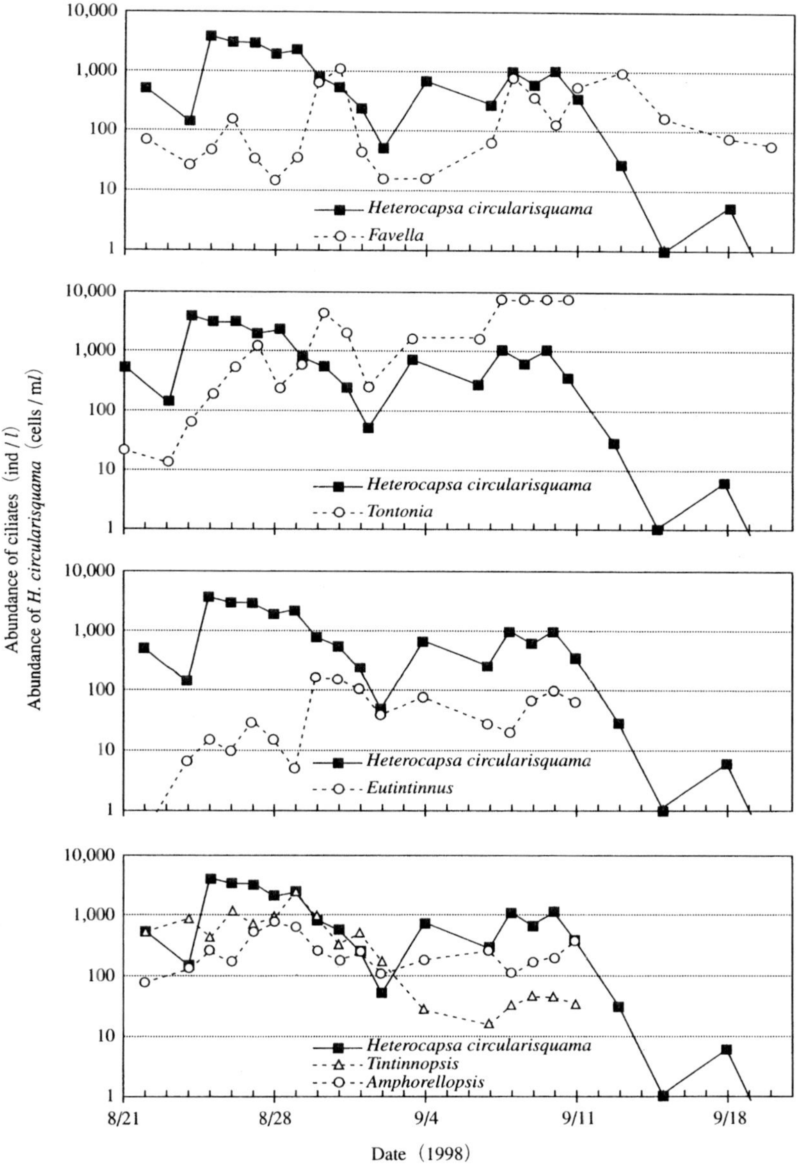

図8・4　1998 年西部広島湾（水深約 5 m）における *Heterocapsa circularisquama* の細胞密度とそれを捕食可能な繊毛虫類（5 属）の出現密度の推移．データは水柱平均値を示す．

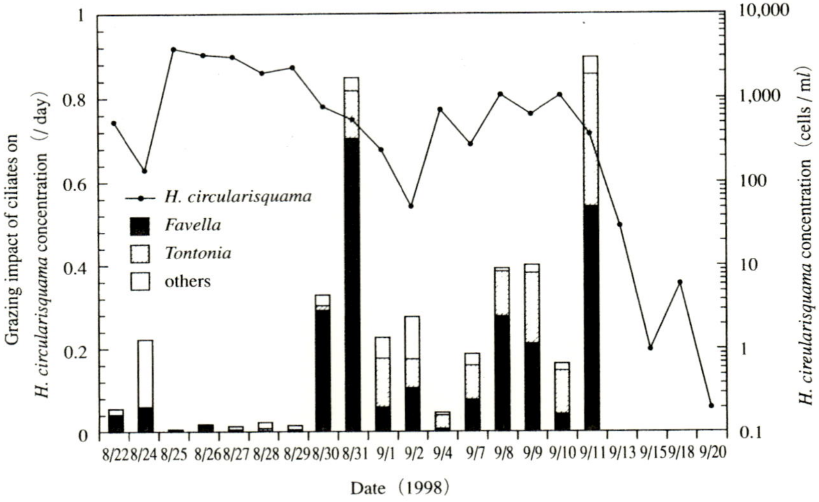

図 8･5　1998 年西部広島湾における *Heterocapsa circularisquama* の細胞密度に対する繊毛虫群集の捕食圧の推移．捕食圧は，各種類毎の出現密度（図 8･4）とそれぞれの捕食速度（Kamiyama ら [22]）から 1 日当たりに消費する *H. circularisquama* の細胞数を推定し，その細胞密度に対する割合として表した．

§4．繊毛虫類の摂食活性を利用した赤潮制御の可能性

以上のように繊毛虫類はいくつかの有害藻類の赤潮形成を制御する能力をもつと考えられる．このことから人為的に大量培養した繊毛虫類等の原生生物を赤潮形成海水に注入し，その高い増殖活性と捕食活性を利用して赤潮形成制御を行うアイデアが生まれ，海外では一部の研究者のグループがその実用化を目指した研究を実施している*[1]．この方法には次のような利点がある．注入した繊毛虫類が増殖できれば少ない投入でも効果が期待できる．より上位の動物群に消費されるため [6, 23]，その増殖が副作用を及ぼすことは考えにくい．ウイルスや細菌よりも人間に安全というイメージがあるため，現場での試行錯誤がしやすい．さらには，この手法がうまく行けば，原生生物が有害な赤潮生物を捕

*[1] H. J. Jeong : Developing a method of controlling the outbreak and maintenance of red tides using mass-cultured grazers. Abstracts of the Aquatic Science Meeting 2001. American society of Limnology and Oceanography. Albuquerque, New Mexico, USA（2001）.

食しながら増殖し，それが大型の動物プランクトンに捕食されることによって海域の生産性を高める可能性もある（図8·6）．

しかし，この方法を実際に実用化していくためには多くの問題が立ちはだかっている．まず，対象とする赤潮生物を捕食する繊毛虫類を選定して繊毛虫類の種を確保し，赤潮発生にタイミングを合わせた大量生産を行う必要がある．種の確保にはシストを用いることが有力であるがそれに関する知見は非常に少ない．対象とする繊毛虫類を急速にかつ大量に増殖させ，それをある程度維持するためには，培養に関わる基礎的な知見の集積が十分とはいえないため，一つ一つ試行錯誤のステップを踏まざるをえないであろう．さらに，仮に大量培養が可能となった場合でも，赤潮形成海域に注入した個体群が赤潮生物を制御できるようになるほど現場海水中で増殖できるか否かの問題が残されている．繊毛虫類の増殖活性は高いがその能力を発揮できる環境条件は広いとはいえな

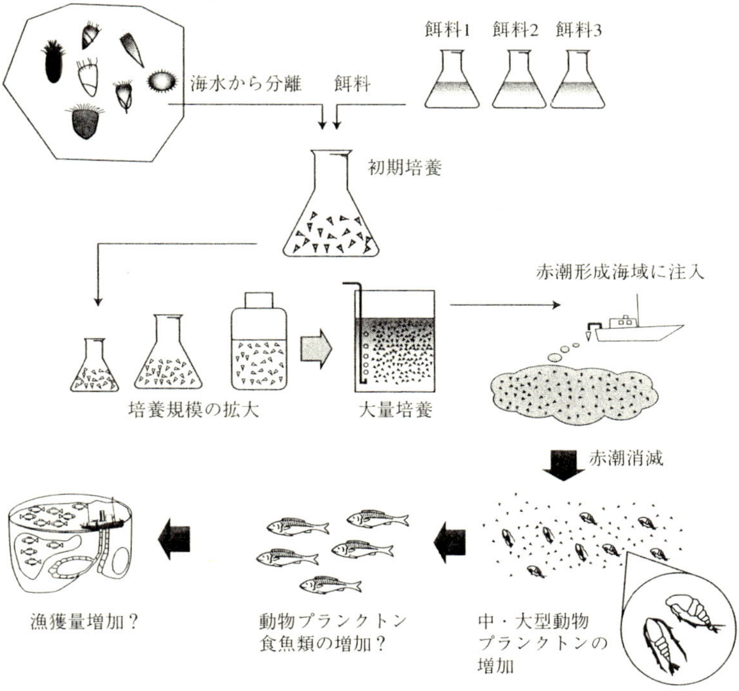

図8·6　繊毛虫類を利用した赤潮制御の概念図.

い．また，他生物による減少の要因も考慮する必要がある．繊毛虫類は食物連鎖のより上位の動物群に消費されるため，注入したものが短時間に他の動物群に消費され，赤潮生物捕食者としての機能を果たせなくなる可能性がある．また，投入時期や条件を間違えると，赤潮生物の競合藻類を繊毛虫類が捕食し，逆に赤潮生物の増殖を助長する可能性もある．そのような点から赤潮形成期におけるプランクトン食物連鎖の構造に関する情報が不可欠となる．

§5．おわりに

赤潮形成には赤潮生物の増殖能力が発揮される環境が整うこととそれを制御する力が減少することが必要になる．本稿では，繊毛虫類の捕食が一部の赤潮の制御要因として重要であることを示してきた．もし，繊毛虫類等の制御力がフルに発揮されれば，本来赤潮は形成されないはずである．その点で，繊毛虫類等の捕食の影響を受ける赤潮の場合には，本来あるべき自然の制御作用が働かない理由を調べることが最も大切である．この作用を把握しなければ，人為的に大量の繊毛虫類を海水に注入してもほとんど効果は見込まれないと予想される．それはどんなに大量に培養して海水に注入しても，自然界の仕組みを直ちに変えることはほとんど不可能であるからである．また，もし，それがうまく把握できれば，大量培養して海水に注入する方法をより効果的にすることが可能であるだけでなく，自然の制御作用を働きやすくするように環境を整える手段を講じることが可能かもしれない．こうした点から，赤潮形成時には対象プランクトンだけでなく，プランクトン食物連鎖の構造の変化を含めて調査し，赤潮形成期における幅広い基礎的情報を集積していくことが大切である．

文　献

1）S. Uye：*Mar. Biol.*, 92, 35-43（1986）.

2）上　真一：動物プランクトンによる摂食，赤潮の科学（第二版）（岡市友利編），恒星社厚生閣，1997，pp.148-161.

3）S. Uye and K. Takamatsu：*Mar. Ecol. Prog. Ser.*, 59, 97-107（1990）.

4）谷口　旭：微小動物プランクトンの存在，生物海洋学－低次食段階論－（西澤　敏編），恒星社厚生閣，1989，pp.27-48.

5）神山孝史：日本プランクトン学会報，46，113-133（1999）.

6）R. W. Pierce and J. T. Turner：*Rev. Aquat. Sci.*, 6, 139-181（1992）.

7）P. G. Verity and T. A. Villareal：*Arch. Protistenkd.*, 131, 71-84（1986）.

8）T. Weisse and U. Scheffel-Möser：*Mar.*

Biol., 106, 153-158（1990）.

9）F. C. Hansen, M. Reckermann, W. C. M. K. Breteler and R. Riegman : *Mar. Ecol. Prog. Ser.*, 102, 51-57（1993）.

10）P. J. Hansen : *Mar. Ecol. Prog. Ser.*, 53, 105-116（1989）.

11）E. J. Buskey and C. J. Hyatt : *Mar. Ecol. Prog. Ser.*, 126, 285-292（1995）.

12）D. J. Lonsdale, E. M. Cosper, W. -S. Kim, M. Doall, A. Divadeenam and S. H. Jonasdottir : *Mar. Ecol. Prog. Ser.*, 134, 247-263（1996）.

13）H. Liu and E. J. Buskey : *Limnol. Oceanogr.*, 45, 1187-1191（2000）.

14）P. J. Hansen : *Mar. Ecol. Prog. Ser.*, 121, 65-72（1995）.

15）C. J. Watras, V. C. Garcon, R. J. Olson, S. W. Chisholm and D. M. Anderson : J. *Plankton Res.*, 7, 891-908（1985）.

16）Y. Nakamura, S. Suzuki and J. Hiromi : *Aquat. Microb. Ecol.*, 10, 131-137（1996）.

17）T. Kamiyama and S. Arima : *J. Exp. Mar. Biol. Ecol.*, 257, 281-296（2001）.

18）T. Kamiyama and S. Arima : *Mar. Ecol. Prog. Ser.*, 160, 27-33（1997）.

19）神山孝史：月刊海洋号外，21，178-184（2000）.

20）T. Kamiyama : *Mar. Biol.*, 128, 509-515（1997）.

21）神山孝史：日本プランクトン学会報，46，178-180（1999）.

22）T. Kamiyama, H. Takayama, Y. Nishii and T. Uchida : *Plankton Biol. Ecol.*, 48, 10-18（2001）.

23）D. K. Stoecker and J. McD. Capuzzo : *J. Plankton Res.*, 12, 891-908（1990）.

24）W. Admiraal and L. A. H. Venekamp : *Neth. J. Sea Res.*, 20, 61-66（1986）.

25）P. J. Hansen, A. D. Cembella and ϕ. Moestrup : *J. Phycol.*, 28, 597-603（1992）.

26）P. Carlsson, E. Granéli and P. Olsson : *In* "Toxic Marine Phytoplankton"（ed. by E. Granéli, B. Sundström, L. Edler and D. M. Anderson）, Elsevier Science Publ., 1990, pp. 116-122.

27）A. Taniguchi and Y. Takeda : *Mar. Microb. Food Webs*, 3, 21-34（1988）.

28）D. Stoecker, R. R. L. Guillard and R. M. Kavee : *Biol. Bull. Mar. Biol. Lab. Woods Hole*, 160, 136-145（1981）.

29）D. A. Caron, E. L. Lim, H. Kunze, E. M. D. Cosper and M. Anderson : *In* "Novel Phytoplankton Blooms"（ed. by E. M. Cosper, V. M. Bricelj and E. J. Carpenter）, Springer-Verlag, 1989, pp. 265-294.

30）H. J. Jeong : *J. Eukaryot. Microbiol.*, 46, 390-396（1999）.

9．有毒アオコのバイオ・エコエンジニアリングを活用した対策技術

稲森悠平[*1]・斎藤　猛[*2]・稲森隆平[*3]・水落元之[*1]

生活系排水などに由来する窒素，リンの流入により陸水域の富栄養化が著しく進行し，有毒藍藻類の異常増殖，いわゆる有毒アオコの発生が国内外を問わず顕在化しつつある．アオコは神経毒や肝臓毒を生産することが知られており，この毒性物質によるヒトや家畜への被害が多数報告されている．このことから，健全な水資源の枯渇化が懸念され，WHO（世界保健機関）ではアオコ産生有毒物質の microcystin LR（ミクロシスチン LR）を飲料水質ガイドラインに位置づけている．有毒アオコの発生は日本や欧米のみならず，アジア・太平洋地域の国々でも同様に問題となっており，その地域ごとに地域特性や国情を踏まえた上での対策が必要とされている．

このような有毒アオコの発生防止対策として，直接的にアオコを除去する直接浄化手法として，生物処理工学（バイオ・エンジニアリング）および生態工学（エコ・エンジニアリング）とを組み合わせたベストミックスのハイブリット技術としてのバイオ・エコエンジニアリングシステムの導入が有効である．

本章では，有毒アオコおよび有毒物質の発生の現況，アオコ分解微生物，microcystin 分解細菌等の有用生物の特性，および有毒アオコ発生防止のためのバイオ・エコエンジニアリングシステムの技術開発の在り方について述べる．

§1．有毒アオコの産生毒素と発生特性

アオコを形成する藍藻類には *Microcystis* 属，*Anabaena* 属，*Oscillatoria* 属等があげられ，とくに図9·1 に示した *Microcystis* 属や *Oscillatoria* 属によるアオコの発生およびその被害が多く報告されている[1]．これらのアオコから生産される有毒物質の特性は表 9·1 に示すとおりである．このアオコ由来の

---

*1 国立環境研究所，*2 筑波大学農学研究科
*3 筑波大学生命環境科学研究科

有毒物質には主に肝臓毒と神経毒とがあり，microcystin（ミクロシスチン），nodularin（ノジュラリン）は肝臓毒に，saxitoxin（サキシトキシン），anatoxin（アナトキシン）は神経毒に分類される．

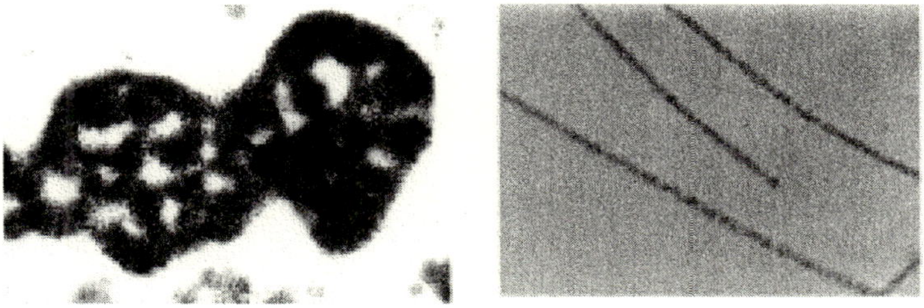

Microcystis 属　*Oscillatoria* 属

図9·1　富栄養化湖沼でアオコを形成する代表的な有毒藍藻類

表9·1　アオコ形成藍藻類とそれが生産する有毒物質

有毒物質	有毒藍藻種
肝臓毒	
microcystin [2, 3]	*Microcystis* 属，*Oscillatoria* 属，*Nostoc* 属，*Anabaena* 属，*Planktothrix* 属 [4]
nodularin [5]	*Nodularia* 属
cylindrospermopsin	*Cylindrospermopsis* 属 [6]，*Umezakia* 属 [7]
神経毒	
anatoxin-a [3]	*Anabaena* 属，*Aphanizomenon* 属，*Oscillatoria* 属
anatoxin-a(s) [3]	*Anabaena* 属
saxitoxin	*Aphanizomenon* 属 [3]，*Lngbya* 属 [8]，*Cylindrospermopsis* 属 [9]，*Anabaena* 属 [10]，*Planktothrix* 属 [11]

これらの有毒物質の中でもっとも高頻度に検出されているのが，microcystin である[12]．これは *Microcystis* 属，*Anabaena* 属，*Oscillatoria* 属等が産生する有毒物質であり，人体に対して肝臓毒であるとともに発ガンプロモーターとしても働くことが報告されている．microcystin は 7 つのアミノ酸からなるペプチド化合物であり，その構造の違いにより 60 種類以上存在し[2]，その中でも microcystin RR，microcystin YR，microcystin LR が特に多く検出されている（図9·2）．この中で microcystin LR は最も毒性が強く，マウスを用いた毒性試験の結果では，青酸カリ（シアン化カリウム）よりも強い毒性を示すことがわかっている[13]．この microcystin を含む有毒藍藻類に起因する家畜や野生生物への被害が 1940 年代頃から世界各国で報告されるようになり，

最近ではヒトへの被害も多く報告されており，1996 年 4 月には，ブラジルでアオコが繁茂した貯水池を水源とする水道水を利用し多数の死亡者が出た例がはじめて報告された．

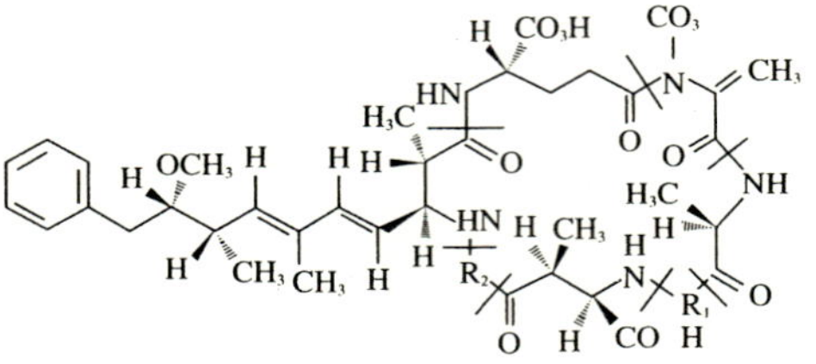

種類	R1	R2
microcystin RR	アルギニン，	アルギニン
microcystin YR	チロシン，	アルギニン
microcystin LR	ロイシン，	アルギニン

図 9·2　アオコ形成藍藻類が産生する肝臓毒素 microcystin の構造

またわが国ではアオコを形成する種として藍藻類の *Microcystis* 属が多く報告されているが [14]，近年，糸状性藍藻類の *Oscillatoria* 属や *Planktothrix* 属も多く観察されるようになり，これらの種に対する対策の必要性が指摘される．

一方，アオコ集積域における microcystin 濃度は図 9·3 に示すとおりであるが，いずれの水域も高濃度の microcystin が検出された．わが国では，最も多く microcystin が存在した水域は霞ヶ浦であり，アオコ集積域では microcystin

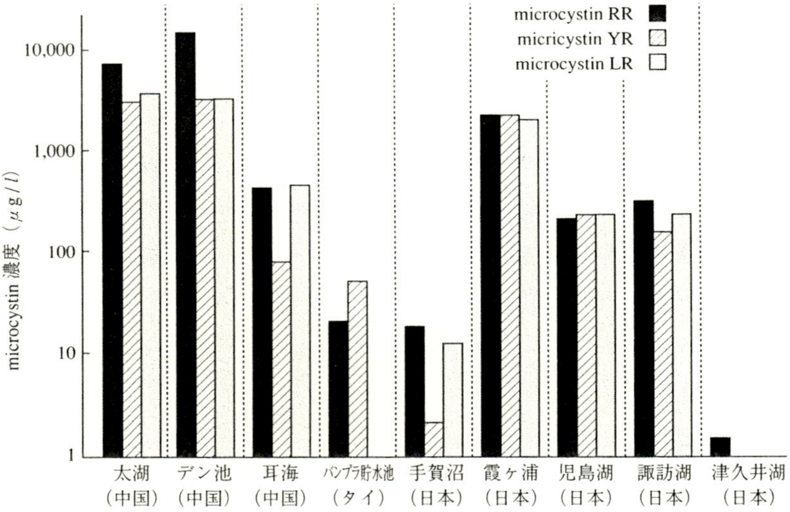

図 9·3　アオコ集積域での microcystin 濃度

RR, microcystin YR, microcystin LR とも $10^3 \mu g/l$ 以上検出されている．同様に中国，タイにおいてもアオコ集積域では多量の microcystin が検出されていることから，富栄養化によるアオコおよび microcystin の発生は，わが国のみならずアジア・太平洋地域を含む多くの国々で顕在化しつつあるため，各々の国情や地理的状況に応じた処理対策技術を構築することが必要とされている．

アオコの microcystin 含有量や生産速度は，種の違いや窒素，リンなど環境要因が強く関与していると考えられるが[15]，とくに microcystin はペプチド化合物であるため窒素を骨格構造に含有しており，窒素，リンの量の変化のみでなく，窒素／リン比の変化がその合成に影響していることが指摘されている[16]．このことから，このような要因を考慮した対策を講じることが必要である．なお，microcystin 生合成酵素遺伝子の研究によると，microcystin の合成には，リボゾームを介しない生合成経路（non-ribosomal biosynthesis）およびポリケタイド（polyketide）合成系の遺伝子クラスターが働いていることが明らかとなっている[17]．このような分子生物学的な知見により microcystin 生産機構とその環境因子との関係がさらに明らかにされるものと期待できる．また，microcystin 合成遺伝子を検出するための遺伝子プローブも開発されており，分子生物学的な手法を応用した有毒アオコのモニタリング技術が開発されつつある[18]．

§2．有毒アオコの捕食分解に貢献する微生物の特性

水域生態系の一次生産者である藻類の増殖や消滅などの動態には，これまで栄養塩類をめぐる各藻類の種間競争が深く関与していることが示されている[19, 20]．しかし，現実の水圏生態系においては，藻類に対する捕食者が存在し，捕食による調節作用が藻類の増殖や消滅に重要な因子として関係している．このような視点から，アオコの消滅現象と動物プランクトンとの関連について研究されており，有毒アオコ原因藍藻類 *Microcystis* 属を捕食する生物として微小後生動物貧毛類 *Aeolosoma* 属，輪虫類 *Philodina* 属，原生動物鞭毛虫類 *Monas* 属，また糸状性の藍藻類 *Phormidium*，*Oscillatoria* 属を捕食する生物として繊毛虫類 *Trithigmostoma* 属などが単離されている．ここではバイオ・エコエンジニアリングを用いたアオコ除去システムを構築する上で重要な

役割を担うアオコ分解性微生物の特性について述べる.

2·1　溶藻細菌によるアオコの生解

藍藻類を溶藻する細菌類については数多く報告されている. これまでに報告されている藍藻類を溶藻する細菌としては, *Lysobactor* 属, *Myxococcus* 属, *Cytophaga* 属, *Flexibactor* 属等があげられる[21−25]. これらの溶藻性細菌類の水域中での動態は, アオコの消長と密接に関係しており, 湖水の表層における藍藻溶解性細菌の現存量と水中の藻類量の指標であるクロロフィル *a* との間では, 高い相関性が示された報告例がある[26]. このことから, これらの細菌は実際にアオコ等の消滅に関わる生物であるとはいえ, さらにこれらの細菌類は土壌, 海洋, 陸水などの自然環境中に普遍的に存在していることから, アオコ分解除去等に応用するに適していると考えられる.

細菌が藍藻類を溶藻するメカニズムは, 細菌が直接藻類に接触して溶藻する場合と細胞外溶藻物質を出して溶藻する場合とに分けられる. これらのメカニズムについて詳しく明らかにされている例は少ないが, 酸化池から単離された藍藻溶藻性細菌の *Bucillus brevis* について溶藻物質の特定化がなされている[27]. この細菌は細胞増殖期の後期に胞子を形成するようになるが, このとき同時に細胞外にいくつかの生物活性物質を産生することが知られている. その物質の一つであるグラミシジン S が藻類の溶藻に関わっていることが報告されている.

2·2　原生動物, 後生動物によるアオコの捕食分解

微生物群集の食物連鎖のなかで, 原生動物は, 細菌類はもとより小型から大型の藻類に至るまで広範な捕食能を有することが明らかとなっており, 水域の食物連鎖系では重要な鍵をになっている. Cambell と Carpenter[28] は, 自然水域における球状の藍藻類の増殖制御には原生動物の鞭毛虫類が関与していることを

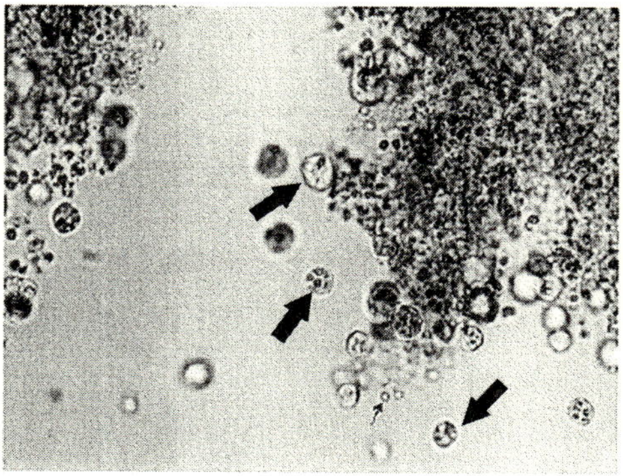

図 9·4　*Monas guttula* の顕微鏡写真. 矢印 (→) は *M. guttula* の細胞を示す.

報告している．図 9·4 は鞭毛虫類の 1 種である *Monas guttula* の顕微鏡写真である．細胞は無色で球形または卵形であり，直径は 14～16 μm の鞭毛虫類に属する．2 本の鞭毛は不等長であり，長鞭毛は15～30 μm，短鞭毛は 8～10 μm であり，*Microcystis* 属の細胞を不等長の鞭毛により作り出した水流により引き寄せ，それと同時に *M. guttula* の細胞に大きな陥入部が形成され，*Microcystis* 属をこの部分から細胞内に取り込むという捕食形態を示している．汚濁の進んだ池沼等でアオコの発生後の晩夏～秋季にかけて，湖岸の中層～底層部にしばしば浮遊しているか水草に付着しており，アオコの捕食分解に貢献しているものと考えられる．この *M. guttula* による *Microcystis* 属細胞の捕食分解能については図 9·5A に示すとおりである．培養を開始して間もなくの試料を顕微鏡観察したところ，*M. guttula* が *Microcystis* 属の細胞を数個～10 個ほど取り込んでおり，さらに48 時間後には，*Microcystis* 属の細胞は初期の 90％以上が捕食され消滅した．この過程では，クロロフィル *a* も*Microcystis* 属の細胞と同様に減少しているので，藻体は捕食後に速やかに分解されているものと考えられる．また，*M. guttula* を接種しない対照系では，*Microcystis* 属はほとんど減少しないことがわかる．このとき *M. guttula* の比増殖速度は 4.1 / d，倍加時間は 4.0 hr であった．この増殖速度は，繊毛虫類の 2～4 倍であり，原生動物のなかではかなり高い値である．また，*M. guttula* の *Microcystis* 細胞捕食分解に伴う microcystin の消滅は図 9·5B に示すとおりである．このとき，初期 microcystin 濃度は microcystin RR，YR，LR がそれぞれ 48 μg / *l*，30 μg / *l*，24 μg / *l* であったが，いずれの microcystin も細胞の分解消滅に伴い速やかに減少した．このとき，細胞外（溶存態）の microcystin はほとんど検出されなかったことから，microcystin は細胞の分解とほぼ同時に分解されているものと考えられた．このような，*M. guttula*，*Microcystis* 属および細菌類の混合系における microcystin の分解機構としては，① *M. guttula* の分解酵素により分解，② 捕食後に代謝された microcystin が細菌類により分解，③ 両者の相乗作用による分解能の強化，などが想定される．このような分解機構において microcystin の分解促進には，*M. guttula* の捕食作用が大きく貢献している．

また，後生動物では，ミジンコ類，輪虫類，貧毛類がアオコを捕食分解するものとして報告されている[29, 30]．とくに凝集体物質摂食性の貧毛類 *Aeolosoma* 属は体長が 1 mm に達する大型の生物であり，群体を形成したアオコを捕食分解することが可能である．さらに，輪虫類 *Philodina* 属と共存させた場合，アオコの分解効率が向上することも観察されている[31]．これは，*Aeolosoma* 属が群体状アオコを捕食する際，分散化したアオコの細胞を濾過摂食性の *Philodina* 属が効果的に分解するためであると推測されている．

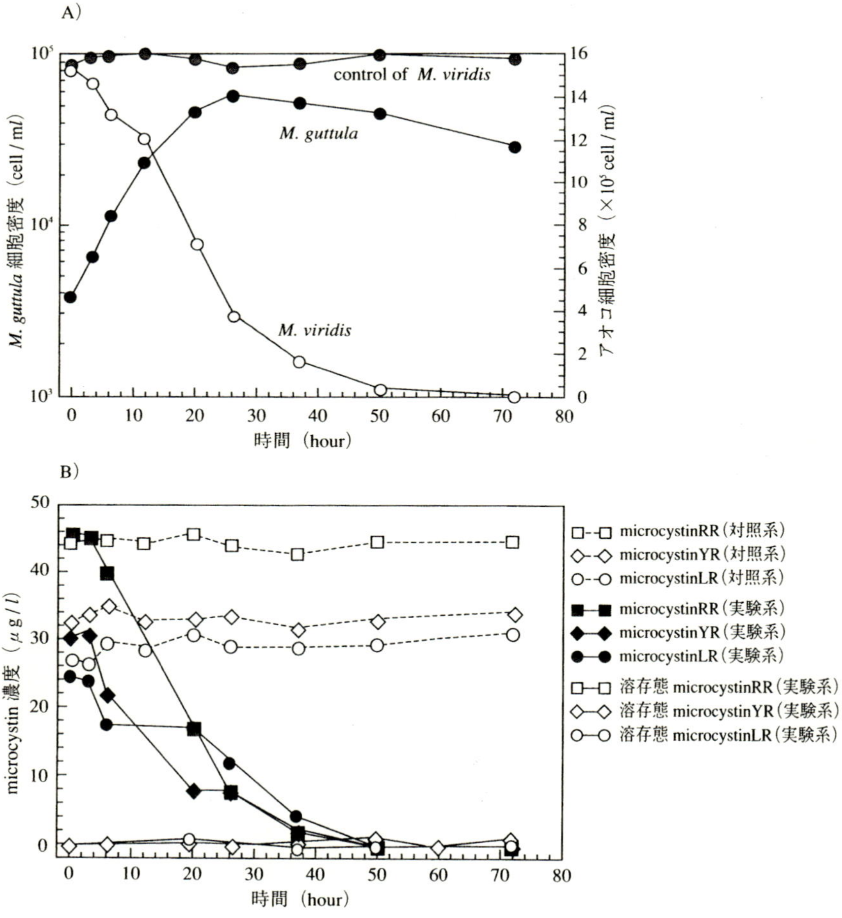

図 9･5　*Monas guttula* による *Microcystis* 属の捕食分解と microcystin の減少過程

一方，*Phormidium* 等の糸状性の藍藻類を捕食分解する原生動物もいくつか単離されている．図 9·6 は糸状性藍藻類捕食性繊毛虫類である *Trithigmostoma* 属の顕微鏡写真を示したものである．本種は *Chilodonella* 科に属する繊毛虫類で，体長は約 30μm，やなきと呼ばれる口器を有している．この特殊な口部器官であるやなきにより糸状性の藍藻類を体内に取り込み捕食する．長い糸状性藻類を捕食する場合，途中で藻類を切断することが観察される．また，糸状性藍藻類の *Phormidium* 属は飲料水利用で広く問題となっている異臭味物質である 2-MIB（2メチルイソボルネオール）を産生することが知られているが[32]，*Trithigmostoma* 属が *Phormidium* 属を捕食

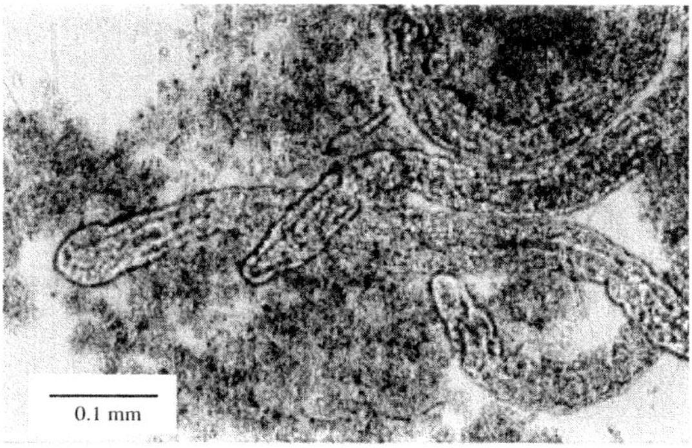

Aeolosoma 属（群体状アオコ捕食性貧毛類）

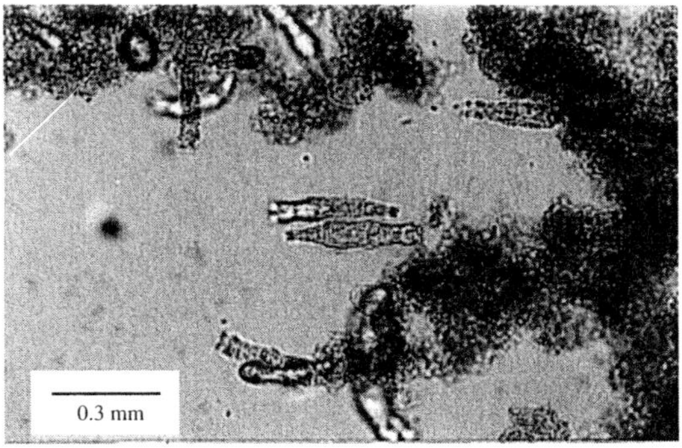

Philodina 属（分散状アオコ捕食性輪虫類）

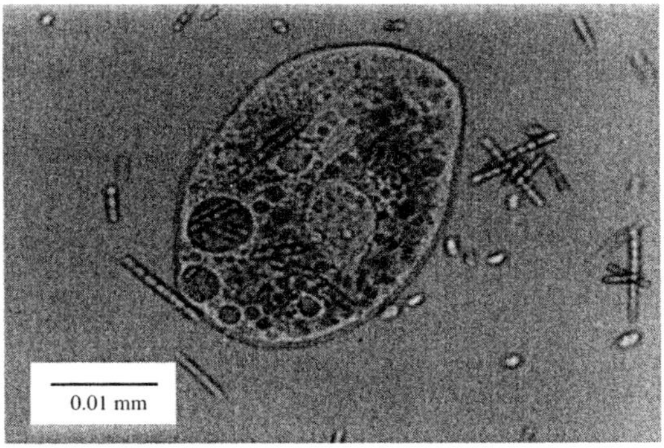

Trithigmostoma 属（糸状性アオコ捕食性繊毛虫類）

図 9·6　アオコ捕食分解微小動物の顕微鏡写真

分解する際，この 2-MIB も分解することが観察されている[33]．

本種は *Phormidium* 属以外に糸状性藍藻類 *Oscillatoria* 属も捕食分解することが観察される．アオコを形成する種として藍藻類の *Microcystis* 属が多く報告されているが，近年，霞ヶ浦（茨城県）を始めとするわが国の湖沼では糸状性藍藻類の *Oscillatoria* 属や *Planktothrix* 属の出現も多く観察されるようになり，本種を用いた糸状性有毒アオコ処理対策が期待できる．

§3．有毒物質 microcystin の分解に貢献する細菌類の特性

アオコが産生する microcystin の存在形態としては，藍藻類細胞内に存在するものと水中に溶存するものがあり，この溶存態 microcystin はアオコ集積域では多いときで 100 μg / *l* を越えて存在することから[34]，アオコのみでなくその産生毒性物質 microcystin の除去対策を講じる必要がある．この物質は物理化学的に極めて安定な物質であるため，環境中で分解には微生物の作用が重要であると考えられている[35]．これまでに microcystin を分解する細菌類についてはいくつか報告されており，その特性解析がなされつつある[36]．このような環境中に存在する microcystin 分解細菌とアオコ捕食生物とを組み合わせて活用することにより，アオコおよび有毒物質 microcystin の包括的な除去が実現できると考えられる．ここでは，microcystin 分解細菌の一例として，わが国のアオコ発生水域から単離された microcystin 分解菌の特性と microcystin の生分解メカニズムについて述べることとする．

3･1　アオコ発生水域からの microcystin 分解菌の単離と同定

アオコ発生水域である霞ヶ浦土浦入（茨城県）からの試料水より microcystin 分解菌の単離がなされた．分解菌のスクリーニングを行う前に，試料中にアオコ破砕液および 1 mg / *l* の microcystin 溶液を添加し集積培養を行い microcystin 分解活性の誘導を図った後に，microcystin 分解菌の単離を行った．microcystin 分解菌の単離は，通常細菌類を培養するためのペプトン・イーストエキスを含む栄養培地（ペプトン 10 g，イーストエキス 5 g，蒸留水 1 *l*）および microcystin を唯一の炭素源とした選択培地を用いた．これらの成分を含む寒天培地上に集積培養試料水の一部を塗布し数日間培養した後，出現した複数のコロニーを採取し，microcystin 溶液に懸濁し microcystin 分解能を確

認した．その結果，microcystin 分解能を調べたコロニーのうちの 1 株が極めて高い microcystin 分解能を有していた．

この株の 16S rDNA による系統解析を行ったところ，*Sphingomonas* 属の近縁種であることがわかり，最も近縁の種である *S. stygia*（IFO16085）に 98.5％の相同性を有していることがわかった（図 9·7）．同時に生化学的特性を調べると，その特性は *Sphingomonas* 属，*Pseudomonas* 属に広くみられる好気性通性細菌と同様な活性を示していることから，本株は *Sphingomonas* 属と同定された（表 9·2）．なお，諏訪湖から単離された microcystin 分解菌やオー

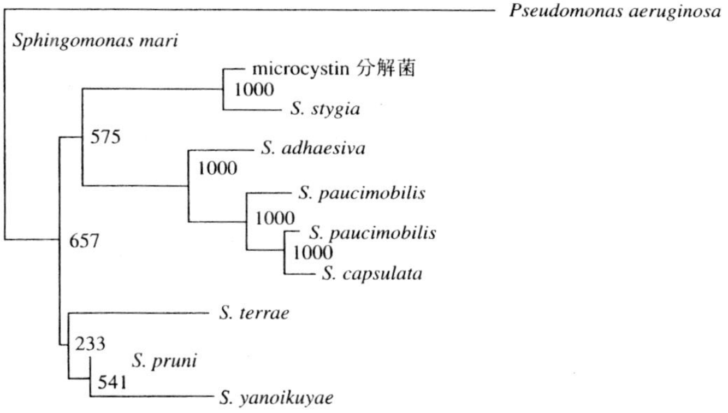

図 9·7　16S rDNA による microcystin 分解菌の系統解析

Pseudomonas aeruginosa, AB037545, *Sphingomonas mari*, D28574 ; *Sphingomonas stygia*, AB025013 ; *Sphingomonas adhaesiva*, D84527 ; *Sphingomonas parapaucimobilis*, D84525 ; *Sphingomanas paucimobilis*, D84528 ; *Sphingomonas capsulata*, D84532 ; *Sphingomonas terrae*, D84531 ; *Sphingomonas pruni*, D28568 ; *Sphingomonas yanoikuyae*, D84536.

表 9·2　単離された microcystin 分解菌の生化学的特性

コロニーの色	黄色	マロン酸塩利用	−	各種糖からの酸産生	
細胞形状	桿状	クエン酸利用	−	グルコース	−
大きさ（μm）		アセトアミド分解	−	キシロース	＋
幅	0.3-0.5	硫化水素産生	−	マンノース	−
長さ	0.7-1.0	尿素分解	−	アラビノース	＋
グラム染色	−	アルギニン分解	＋	フルクトース	−
オキシダーゼ活性	＋	ONPG 分解*	−	マルトース	−
ゼラチン液化	＋	エスクリン分解	＋	ラムノース	−
				マンニット	−
				スクロース	＋

* βガラクトシダーゼ活性

ストラリアで単離された microcystin 分解菌（ASM3962）はいずれも同様に *Sphingomonas* 属に近縁の種であることがわかっている[37, 38]．*Sphingomonas* 属以外にも，microcystin 分解菌として *Pseudomonas aeruginosa* が報告されている[39]．この種は *Sphingomonas* 属と比較して，microcystin 分解活性が非常に低く，また分解に関わる酵素群もアルカリプロテアーゼ系の酵素を中心としていると予測されており，両菌種の microcystin 分解メカニズムが異なると考えられる．microcystin 分解菌として単離されている細菌は極めて少ないことから，現在明らかとなっている microcystin 分解菌の特性を比較することや，更に多くの microcystin 分解菌を単離するなどして，その多様性および共通性について把握する必要がある．

3·2 *Sphingomonas* 属の microcystin 分解活性

Sphingomonas 属の microcystin 分解活性は図 9·8 に示すとおりである．このとき，microcystin の初期濃度 1 mg / *l*，菌体濃度 O.D.$_{660}$ = 0.3，30℃，振とう条件であった．本株は 3 種の異なる microcystin RR，YR および LR に対して分解活性を有しており，いずれの microcystin も実験開始後数時間で完全に分解された．3 種の microcystin の分解速度を比較すると，microcystin RR，YR，LR でそれぞれ 0.75 μM / hour，0.55 μM / hour，0.41 μM / hour となり，microcystin RR が最も速い結果となった．しかしながらこの比分解速度の差は，菌株の違いや培養条件でも変化することから，3 種の microcystin で異なった酵素群が分解に関わっていることが示唆される．また，microcystin 分解酵素の所在を調べるために *Sphingomonas* 培養液を，培養上清，菌体内粗抽出液および菌体破砕片に分

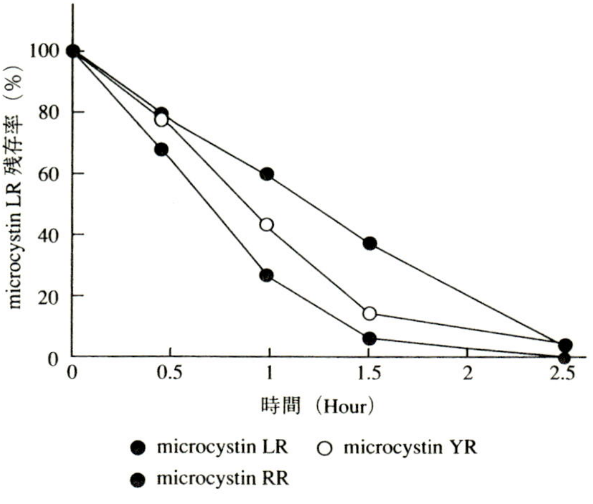

図 9·8　単離された microcystin 分解菌による microcystin LR，YR，RR の分解

け，それぞれの分画の microcystin 分解能を調べたところ，菌体内粗抽出液に microcystin 分解活性が確認され，microcystin 分解酵素は菌体内酵素であることがわかった．

3・3 細菌による microcystin 生分解メカニズム

水質浄化にこのような細菌を応用する場合，その詳細な分解メカニズムを把握しておく必要がある．*Sphingomonas* 属による microcystin の生分解メカニズムについては完全に解明されてはいないが，それを司る酵素に関する知見がいくつか得られている．microcystin は環状の低分子ペプチドであるため，その開環に関わる酵素は極めて特異的であると考えられている．Bourne ら[40]は，この microcystin 分解酵素をコードする遺伝子について明らかにし，オーストラリアで単離された microcystin 分解菌 *Sphingomonas* 属から microcystin LR 分解遺伝子群のクローニングを行い，本遺伝子群の塩基配列を明らかにした．microcystin を分解する遺伝子群は，*mlrA*，*mlrB*，*mlrC*，*mlrD* の 4 つの遺伝子がクラスターを形成しており，各々の働きにより microcystin LR が分解される．このとき，*mlrA* は microcystin LR の環状構造の開環に関わる酵素つまり環状の microcystin を直鎖状にする酵素であり，*mlrB* および *mlrC* はその直鎖状 microcystin LR をさらに細かく分解する酵素である．また，*mlrD* は菌体外に存在する microcystin LR を体内に取り込むためのトランスポータープロテインとして働いている．この反応で最も重要となるのは，環状構造を壊すための酵素である *mlrA* である．これは，1,008 bp からなる遺伝子であることがわかった．しかし，この *mlrA* はデータベース上のタンパク質との相同性が低く，極めて希な配列であることがわかり，偶然に作られたタンパクであると結論付けられている．最も近いタンパクとしては *Methanobacterium* 属の産生する hypothetical protein があげられるが，その相同性は低く identity＝25％であった．この hypothetical protein は本種の全ゲノム塩基配列の解析から推定されたものであり，タンパクとして単離されていないため，その働きや構造は明らかにされていない．microcystin を開環するという極めて特異的な酵素 *mlrA* が果たしてどのような酵素であるかを把握するためには，この酵素の精製およびその構造決定が必要である．

§4. アオコ捕食者と microcystin 分解細菌による生態系内でのアオコおよび microcystin 分解機構

有用生物の個々の能力を組み合わせた有毒アオコおよびその毒性物質の分解機構は図 9·9 に示すとおりである．この分解機構としては，まず群体状アオコが大型の水生生物（貧毛類など）により捕食され単細胞化し，この個々の細胞が *Monas* 属をはじめとする微小動物に速やかに分解されることによりアオコは完全に消滅する．一方，アオコの細胞に含有されている有毒物質 microcystin は，アオコ捕食生物によって消化されるか，体外に排出された後にアオコ捕食生物に付随する細菌類によって速やかに分解される．これらの分解活性は，溶存酸素供給や生物付着担体の適正化などの人為的操作を加えることにより，なお一層向上させることが可能である．この機構を応用した除去システムはバイオ・エコエンジニアリングとして応用できる．すなわち，有用生物を定着させた担体を充填した現場設置型アオコ分解リアクターシステム [41] や植物の根圏の微生物のアオコ分解能を利用した植栽水路浄化システムなどが考案されつつある．

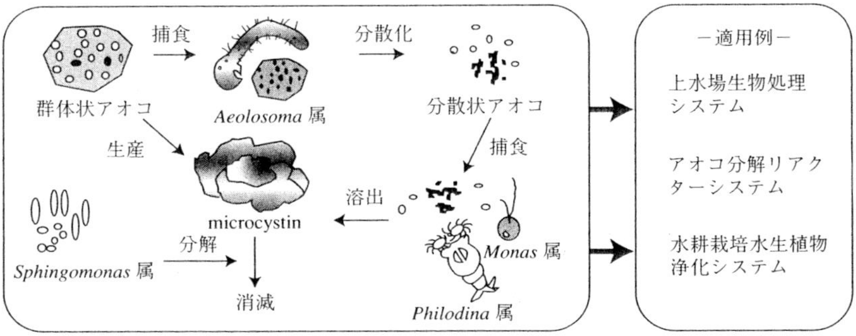

図 9·9　バイオ・エコエンジニアリングを活用した有毒アオコの分解技術

§5. 有毒アオコ発生防止のためのバイオ・エコエンジニアリングシステムの開発

バイオ・エコエンジニアリングを用いた有毒アオコ防止対策の核となる有毒アオコ分解生物の特性や分解機構に関する基盤的研究についてこれまでに述べてきた．国際的に顕在化しかつ認知された有毒アオコの問題に対し，これらの知見を生かしたバイオ・エコエンジニアリングを活用し，世界各国の研究機関が国境を越えた地球規模の環境修復の推進を図ることが必須の状況になっている．そのためには，わが国が国際的なリーダーシップをとり，諸外国との相互協力によって有毒アオコの発生防止の国際的ネットワークを創成する必要がある．このような背景のもと，有毒アオコの発生防止のための国際ネットワーク創りのための調査型開発研究が文部科学省科学技術振興調整費で実施されている．この研究では，アジア，太平洋地域の熱帯，亜熱帯，温帯，寒帯における淡水資源の確保のための効果的な技術移転・導入を果たすことができるハード，ソフトの有毒アオコ発生防止国際ネットワークを創成することを目標として推進している．

1） 生活系排水対策等の汚濁負荷発生源の質と量の調査解析に基づくバイオ・エコエンジニアリングの効果的導入の支援化システムの開発：栄養塩類である窒素，リン等を含有する生活系排水等の最適な除去を行う上で，国情に適した高度浄化手法を確立するための整備支援化システムを提案することを目標とし，生活様式，気候条件等を考慮し，有機物，栄養塩類の実態調査，窒素リン比，AGP（藻類増殖ポテンシャル）評価等による富栄養化ポテンシャルの定量的評価を行い，地域性を考慮した上で適用すべき処理システムを構築する．

2） 有毒アオコ発生防止のためのバイオ・エコエンジニアリングの効果的導入の支援化システムの開発：有毒アオコ発生抑制のソフト，ハードシステムの確立化を図ることを目標とし，バイオ・エコエンジニアリングのシステム導入の最適化を図るために，飲料水源となっている湖沼のアオコ発生量やその種類を調査するとともに湖沼モデルシミュレーターを用いた有毒アオコの増殖特性，毒性評価および栄養塩類の削減の影響などに関する支援データを蓄積する．

3） 有毒アオコ分解に貢献する原生動物，微小後生動物の特性解析とバイオ・エコエンジニアリング導入生分解システム化技術開発：バイオ・エコエンジニアリングを応用した有毒アオコの直接浄化手法の確立を行うことを目標とし，気候条件の異なる各地域において水質浄化および有毒アオコを捕食し，有毒物質の分解に貢献する原生動物や微小後生動物のスクリーニング，大量培養法の確立，捕食・分解特性の解析，付着担体の開発および生息能向上化による機能強化手法の開発等を行う．

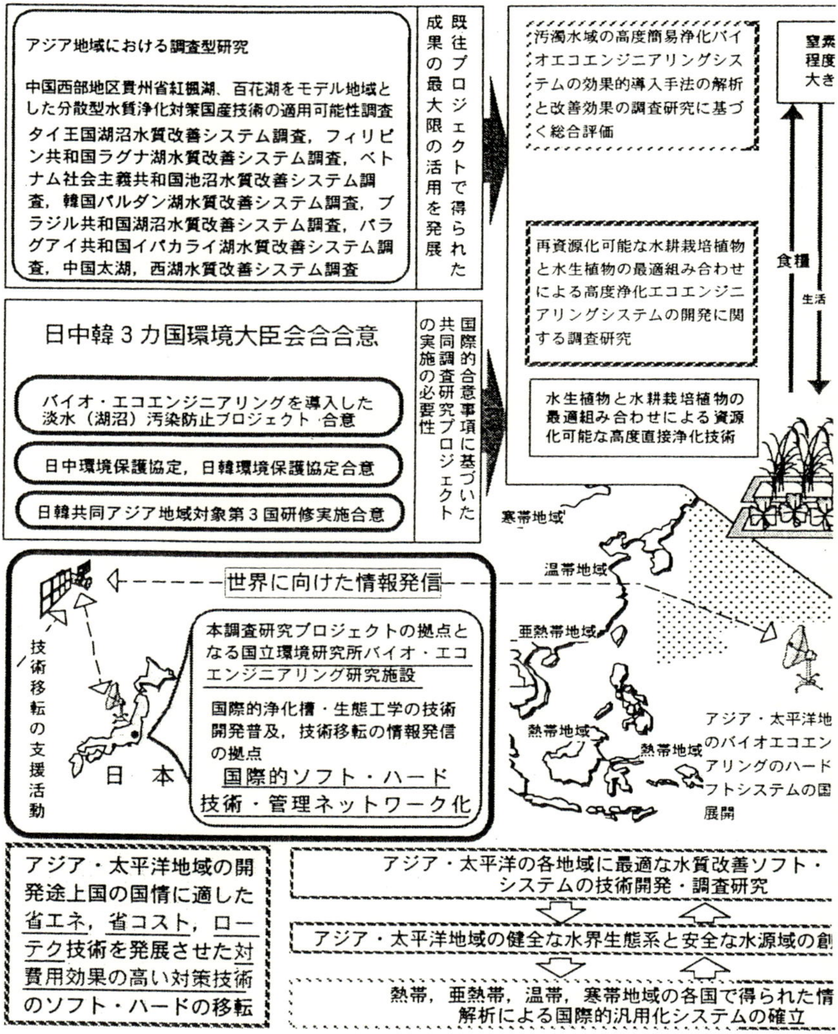

図 9·10　有毒アオコの発生防止

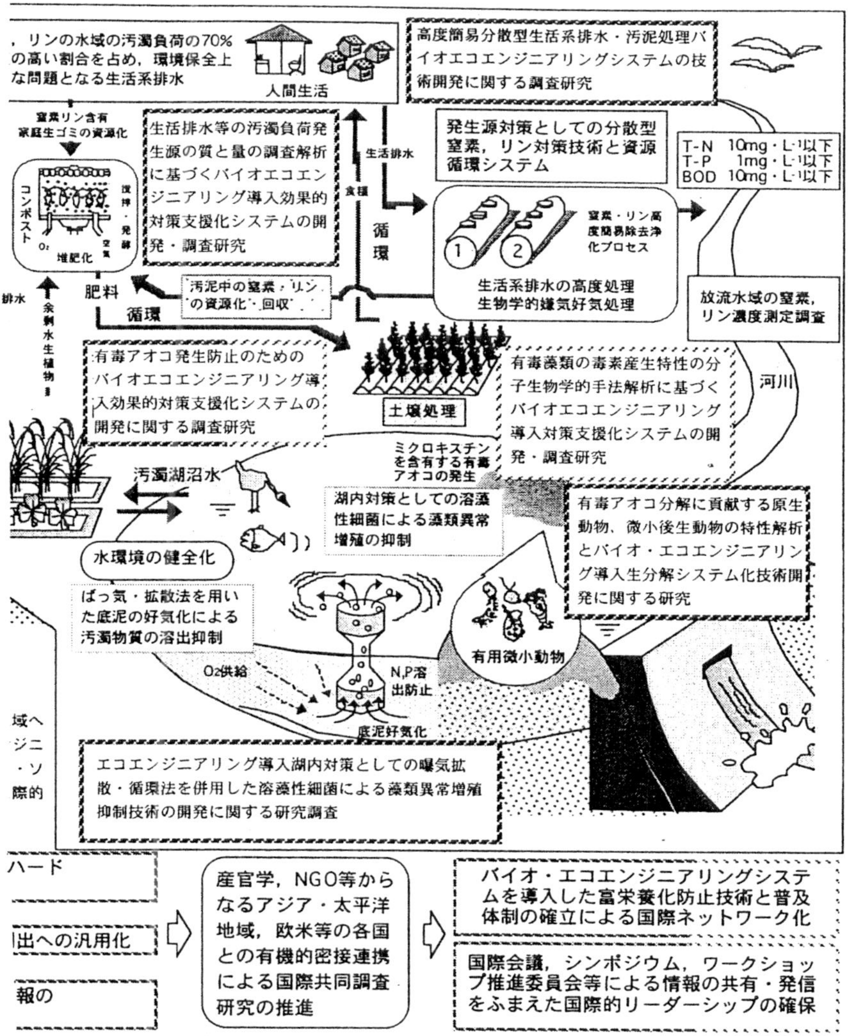

国際ネットワーク創りのフロー

4）有毒藻類の毒素産生特性の分子生物学的解析に基づくバイオ・エコエンジニアリング導入対策支援化システムの開発：富栄養化湖沼に発生した有毒藻類について分子生物学的手法を用いて毒素合成遺伝子に基づいた群集構造解析および発現機構の解明を行い，地域ごとの有毒アオコおよび毒素の発生・発現特性を把握し，それをバイオ・エコエンジニアリングを適正に導入するための支援データとして蓄積する．更に microcystin 等の毒素を分解する酵素群の探索を行うことで，同酵素をもつ有用微生物のスクリーニングおよび分解酵素固定化カラム化による生化学的酵素分解処理に応用可能な技術の確立化を図る．

5）エコエンジニアリング導入湖内対策としてのばっ気拡散・循環法を併用した溶藻性細菌による藻類異常増殖抑制技術のシステム開発：アオコ抑制化技術のシステムの確立化を図ることを目標とし，エコエンジニアリングを導入した湖内対策として，ばっ気揚水筒を活用した湖内環境改善技術の開発を行う．具体的には，水深，面積，湖形状とばっ気筒設置基数等の最適化を行うとともに，有光層・無光層における有毒藻類の分布特性を解析し，ばっ気法の藻類異常増殖抑制効果の解析と同時に，底泥部の好気化による有機汚濁物質分解能，窒素，リン溶出抑制効果に基づく最適条件の確立化を図るとともに，ばっ気法と溶藻性細菌によるバイオオーグメンテーションなど他の直接浄化法との最適組み合わせによる高度効率化を図る．

6）再資源化可能な水耕栽培植物と水生植物の最適組み合わせによる高度浄化エコエンジニアリングシステムの開発：有毒アオコが発生した湖沼水や生活系排水の直接浄化システムの構築において湖沼形状や排水特性等の地域性を考慮し，水生植物と水耕栽培植物の最適組み合わせによる資源化可能な高度浄化技術を確立することを目標とし，有毒アオコ捕食・分解微生物を植栽水路に高密度に定着させる技術の構築や，エコエンジニアリングシステムの高度効率化を図るための適正条件を把握する．

7）高度簡易分散型生活排水・汚泥処理バイオ・エコエンジニアリングシステムの技術開発：再資源化技術の確立による環境低負荷資源循環型のソフト・ハードシステム技術の確立化を図ることを目標とし，水質，気候，政策，経済，社会条件の地域性を配慮したバイオ・エコエンジニアリングとしての生物膜法の高度簡易浄化方式と土壌浄化法をはじめとする分散型の生活系排水処理技術の開発および維持管理手法の最適化を行うとともに，余剰の汚泥や水生植物，アオコや家庭生ゴミ等の処理処分技術の開発に必須な高温好気発酵細菌等について，発酵熱源，発酵助剤，空気供給量等の適正条件を把握する．

8）汚濁水域の高度簡易浄化バイオ・エコエンジニアリングシステムの効果的導入手法の解析と改善効果の総合評価：アジア・太平洋地域の淡水資源の富栄養化防止技術のネットワーク創りを行うことを目標とし，水耕栽培浄化システム，アオコ分解システム等のエコエンジニアリングおよび気候，生活様式等の地域性を踏まえた発生源対策としての分散型高度簡易浄化システムである浄化槽および再資源化技術としてのコンポスト化等のバイオエンジニアリングを効率的に導入する上での国情，流域特性，経済性，温度特性等を考慮した対費用効果，国民意識の啓発もふまえた最適面的整備手法の確立を図る．

ここで述べたバイオ・エコエンジニアリング技術に基づいた有毒アオコの発生防止を図る上での国際ネットワーク創りの概念は図9·10に示すとおりである．

まとめ

21世紀は環境の世紀といわれており，その中でも枯渇化の著しい水環境修復保全対策が重要な位置づけにある．とくに飲料水源としての湖沼の安全な水資源の確保は，有毒アオコの発生が国際的にも顕在化している現況においては緊急を要している．そのため，わが国は国際的リーダーシップを発揮し有毒アオコ発生の要因の根幹である窒素，リンの削減技術，有毒アオコの捕食者，有毒物質 microcystin の分解微生物の能力を利用した対策技術等を導入したバイオ・エコエンジニアリングシステムによる湖沼の健全化を図る必要がある．

文　献

1）N. Ohkubo, O. Yagi and M. Okada : *Environ. Tech.* **14**, 433-442（1993）.

2）W. W. Carmichael : *J. Appl. Bacteriol.*, **72**, 445-459（1992）.

3）渡辺真利代：海洋と生物，**20**, 88-93（1998）.

4）C. Keil, A. Forchert, J. Fastner, U. Szewzyk, W. Rotard, I. Chorus and R. Kratke : *Water Res.* **36**, 2133-2139（2002）.

5）W.W. Carmichael, J. T. Eschedor, G. M. L. Patterson and R. E. Moore : *Appl. Envion. Microbiol.*, **54**, 2257-2263（1988）.

6）I. Ohtani, R. E. Moore and M. T. C. Runnegar : *J. Am. Chem. Soc.*, **114**, 7941-7942（1992）.

7）K. Terao, S. Ohmori, K. Igarashi, I. Ohtani, M. Watamabe, K. Harada, E. Ito and M. Watanabe : *Toxicon*, **32**, 833-843（1994）.

8）H. Onodera, M. Satake, Y. Oshima, T.

Yasumoto and W. W. Carmichael : *Natural Toxins*, 5, 146-151（1997）.

9）N. Lagos, H. Onodera, P. A. Zagatto, D. Andronolo, S. M. Azevedo and Y. Oshima: *Toxicon*, 37, 1359-1373（1999）.

10）L. E. Liewellyn, A. P. Negri, J. Doyle, P. D. Baker, E. C. Beltran and B. A. Neilan: *Environ. Sci. Technol.*, 35, 1445-1451（2001）.

11）F. Pomati, S. Sacchi, C. Rossitti, S. Giovannardi, H. Onodera, Y. Oshima and B. A. Neilan : *J. Pycol.*, 36, 553-562（2000）.

12）W. W. Carmichael, V. R. Beasley, D. L. Bunner, J.N. Eloff, I. Falconer, P. Gorham, K. Harada, T. Krishnamurthy, M-J. Yu, R. E. Moore, K. Rinehart, M. Runnegar, O. M. Skulberg and M. F. Watanabe : *Toxicon*, 26, 971-973（1988）.

13）W. R. Demott and Dhawale : *Arch. fur. Hydrobiol.*, 134, 417-424（1995）.

14）M. M. Watanabe , K. Kaya, N. Takamura : *J. Phycol.*, 28, 761-767（1992）.

15）N. Fujimoto, M. Soma and R. Takahashi : *Jpn. J. wat. Treat. Biol.*, 38, 39-45（2002）.

16）M. L. Benedict, G. J. Jones and P. T. Orr : *Appl. Environ. Microbiol.*, 67, 278-283（2001）.

17）M. Kaebernick and B. A Neilan : *FEMS Microbio. Ecol.*, 35, 1-9（2001）

18）D. Tillett, D. L. Parker and B. A. Neilan : *Appl. Environ. Microbiol.*, 67, 2810-2818（2001）.

19）D. Tilman : *Ecology*, 58, 338-348（1977）.

20）Y. Oisen, O. Vadstein, T. Andersen and A. Jensen : *J. Phycol.*, 25, 499-508（1989）.

21）Y. Yamamoto and K. Suzuki : *J. Phycol.*, 26, 457-462（1990）.

22）M. Shilo : *J. Bacteriol.*, 104, 453-461（1970）.

23）J. C. Burnham, S. A. Collart and B. W. Highson : *Arch. Microbiol.*, 129, 285-294（1981）.

24）J. R. Stewart and R. M. Brown : *Bact. Proc.*, 18（1970）.

25）B. V. Gromov, O. G. Lvanov, V. A. Mamkaeva and I. A. Avilova : *Microcbiol*, 41, 952-956（1972）.

26）M. J. Daft and W. D. P. Ŝtewart : *New Phytol.*, 70, 819-829（1971）.

27）R. L. Rein, M. S. Shane and R. E. Cannon : *Can. J. Microbiol.*, 20, 981-986（1974）.

28）L. Cambell and E. J. Carpenter : *Mar. Ecol. Prog. Ser.*, 33, 121-129（1986）.

29）K. O. Rothhaupt : *Int. Rev. Ges. Hydrobiol.*, 76, 67-72（1991）.

30）W. R. Demott and F. Moxter : *Ecology*, 72, 1820-1844（1991）.

31）稲森悠平：水，10，24-31（1991）.

32）山田直樹，青山　幹，山田益生，浜村憲克：水質汚濁研究，8，515-521（1985）.

33）稲森悠平，大内山高広，杉浦則夫，須藤隆一，青山完爾：水質汚濁研究，13，592-598（1990）.

34）K. Christoffersen : *Natural Toxins*, 4, 215-220（1996）.

35）K. Christoffersen : *Phycologia.*, 35, 42-50（1996）.

36）D. G. Bourne and G. J. Jones : *Appl. Environ. Microbial*, 62, 4086-4094（1996）.

37）H. D. Park, Y. Sasaki, T. Maruyama, E. Yanagisawa, A. Hiraishi and K. Kato : *Enivron. Toxicol.*, 16, 337-343（2001）.

38）G. J. Jones and D. G. Bourne. : *Natural Toxins*, 2, 228-235（1994）.

39）S. Takenaka and F. M. Watanabe : *Chemosphere*, 34, 749-757（1997）.

40）D. G. Bourne, P. Riddles, G. J. Jones, W. Smith and R. L. Blakeley : *Environ. Toxicol.*, 16, 523-534（2001）.

41）N. Iwami, N. Sugiura, T. Itayama, Y. Inamori and M. Matsumura : *Environ. Technol.*, 21, 591-596（1999）.

10. 粘土散布による赤潮駆除

和田 実[*1]・中島美和子[*2]・前田広人[*2]

赤潮による漁業被害に対する防止対策としては，赤潮の発生をあらかじめ防ぐことと，発生した赤潮を漁業被害が起こる前に除去することの大きく 2 つに分けられるが，前者については未だに確立されていない．一方，後者についても従来からさまざま方法が試されているが，労力や経費，効果等の面から実用化に至っていないものが多い．

そのような中，粘土散布による赤潮防除は，「粘土散布による赤潮緊急沈降試験」という水産庁からの委託試験を経て，マニュアル作成にまで至り，これまで鹿児島県において赤潮被害防止に大きく寄与してきた．この方法は，粘土が海水に溶解するときに溶出する特定の物質がある種の有害プランクトンの殺藻に関与するとともに，粘土のもつ凝集作用を利用して沈降させる方法で，昭和 54 年の八代海におけるコックロディニウム赤潮ではじめてその効果を発揮した．その後，大規模な散布は，シャトネラ赤潮対策として鹿児島湾において数回，*Cochlodinium polykrikoides*，*Chattonella marina*，*Gymnodinium mikimotoi* 赤潮対策として八代海で十数回行われてきた．

しかし，近年の散布海域は粘土散布の効果が高い閉鎖的な水域に限られ，開放性漁場での赤潮発生時には，生簀の緊急避難等その他の対処方法が主流となっている．

ここでは，これまで赤潮防除策として使用されてきた鹿児島県薩摩郡入来町産のモンモリロナイト系粘土，通称入来モンモリ（以後，粘土）による赤潮駆除について散布事例を紹介するとともに，赤潮駆除のメカニズムや粘土散布が海域環境へ与える影響について紹介する．

---

*1 鹿児島県水産試験場
*2 鹿児島大学水産学部

§1．主な散布海域

図 10·1 に鹿児島県における主な粘土散布海域を示した．散布海域は，粘土散布効果の最も高い *Cochlodinium polykrikoides* による赤潮が頻発する八代海の東町沿岸域がそのほとんどで，次いで鹿児島湾となっている．前述のとおり八代海では，ここで発生する赤潮生物種への駆除効果が大きいことから，高い散布実績をもっている．すなわち初めて粘土散布を赤潮対策として利用し始めた昭和 50 年代以降，*C. polykrikoides* 赤潮発生時には極めて有効な赤潮対策手段の一つとして現場からの期待も高い．

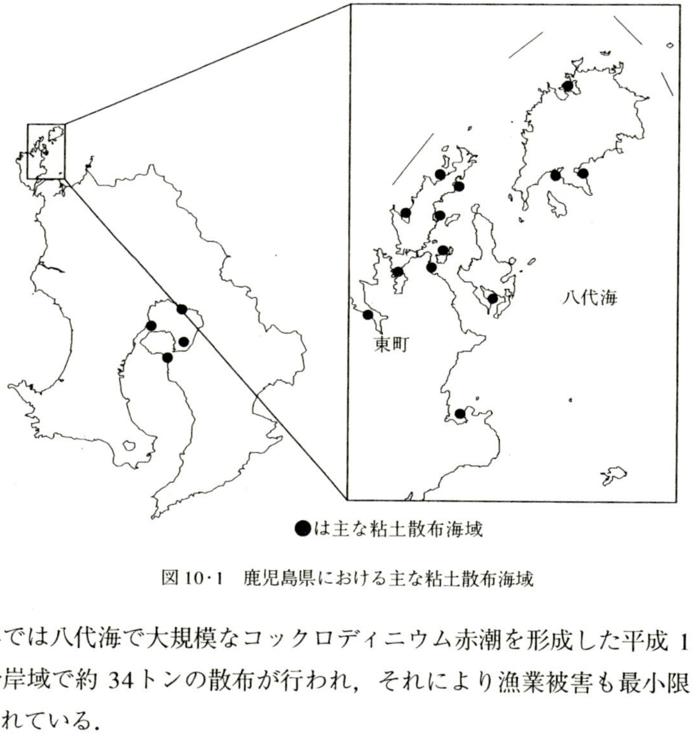

図 10·1　鹿児島県における主な粘土散布海域

近年では八代海で大規模なコックロディニウム赤潮を形成した平成 12 年に東町沿岸域で約 34 トンの散布が行われ，それにより漁業被害も最小限に食い止められている．

§2．散布方法とタイミング

散布方法は湾もしくは漁場によって様々であり，それぞれの地理的条件や汎用施設を生かして効率的でかつ経済的な散布方法をとっている．

なかでも，主流を占めているのは散水器で船上にて溶かしながら船の排水口から流す方法と漁船の生簀を利用し海水で溶かした後，散布する方法である．いずれの方法も散布しながら別の船外機船で粘土を広範囲にかつ均等に拡散させることと，滞留時間を長く保持するために船のスクリューで攪拌するなどのさまざまな工夫を凝らしている．

その他の散布方法として手撒きや給餌用のペレッター内で海水と粘土を混合した後にエアで散布する方法などがある．前者は粉末を直接散布するよりも粘土溶液として散布した方がより効果的であるということと滞留時間が短いこと，後者は粘土によるペレッター内の物理的損傷が懸念されることなどから，近年では手撒きやペレッターを利用した散布例は少なくなってきている．

図 10･2 に散布のタイミングを示したが，実際の散布においては，漁場内に進入しつつある赤潮の水塊に対してその進入を食い止めるように船のスクリューで潮流に対して反対の方向へ流れを作りながらさきの方法で散布する．また，すでに漁場内で着色している場合は，生簀を粘土で取り囲むような形で散布する．いずれも，プランクトンに鉛直移動性があるならば最も表層に集積する時間帯をねらって散布するのが望ましく，かつ同じ漁場内では他の多くと連携してなるべく広範囲にわたって散布するのが効果的である．

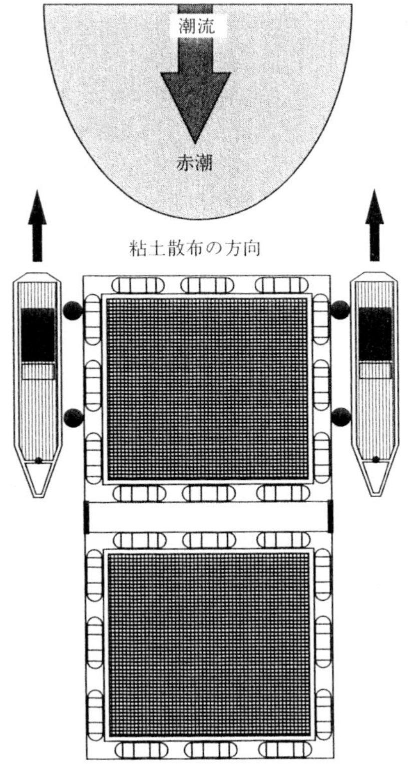

図 10･2　散布のタイミング

§3. 赤潮駆除のメカニズム

図 10･3 に赤潮駆除の過程を示した．まず粘土から溶出する Al により

細胞が萎縮・破壊され，続いて粘土のもつ凝集作用によって沈降する 2 つの段階に分けられる．

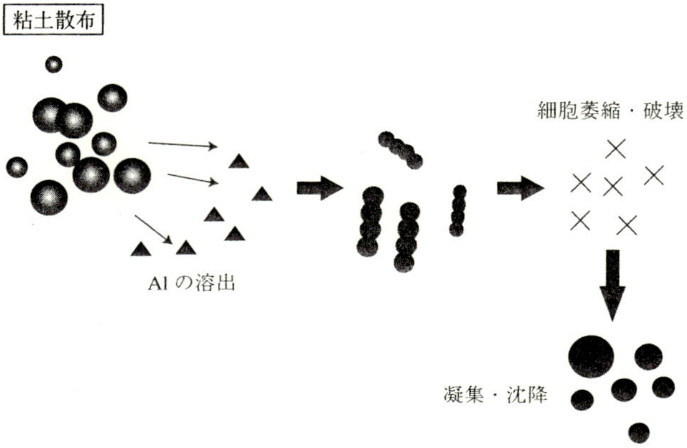

図 10・3　粘土散布による赤潮駆除過程

鹿児島水試の報告[1]によれば，プランクトン崩壊に関わる原因物質としてまず，粘土散布直後に入来モンモリから特異的に溶出する Al をあげており，後述の散布直後に低下する pH やそれ以外の要因がプランクトン崩壊に関与することはないとしている．

Al の溶出は粘土それぞれがもつ層状構造の違いや粘土が保持するイオンの種類などが深く関与[2]し，また粘土が海水に接する時，Al に結合した－OH の水素が H^+ として挙動し，Al を離すことが土壌学の世界ではよく知られている[2]．

つまり，粘土散布における最初の過程で溶出する Al が，極めて少ない散布量での赤潮生物除去効果を可能にしていると考えられる．

一方，粘土のもつ懸濁態物質を凝集・吸着する性質を利用した赤潮駆除については，すでに代田[3]によって詳しく調べられている．

表 10・1　海水中における粘土からの Al 溶出量

種　類	Al（mg / l）
溶出用海水	0
入来カオリン 1 級	0.01
入来モンモリ	30
ベントナイト妙義	0.33
ゼオライト H 型	0.55
ゼオライト Ca 型	0

§4. 赤潮生物種ごとの効果

赤潮構成種によって除去効果に違いがあるものの，粘土散布後の透明度の回復は著しく，イオン交換反応が平衡に達する時間[2]と粘土粒子の沈降速度を考慮して，散布からおおよそ1時間以内に透明度の回復，いわゆる赤潮の除去効果が現れる．

実際のコックロディィニウム赤潮発生現場においても，散布直前に1,480 cells / mlあった細胞数が，粘土散布からおよそ30分後には284 cells / mlに激減している．

表10･2にプランクトン別粘土散布効果を示すが，有害プランクトンで高い効果が認められているのは，*Cochlodinium polykrikoides* と *Chattonella marina* で，次いで *Gymnodinium mikimotoi* である．このように，プランクトンの種類によって効果に違いがあるのはもちろんのこと，*Cochlodinium convoltum* には効果が少ないなど，同属間でも効果の高い種と全くそうでない種もあることが確認されている．

表10･2 プランクトン別粘土散布効果

プランクトン名	除去可能な最低粘土濃度（mg / l）
Cochlodinium polykrikoides	200～1,000
Chattonella marina	1,000～2,000
Chattonella antiqua	3,000～8,000
Heterosigma akashiwo	5,000～6,000
Gymnodinium mikimotoi	2,000～4,000
Cochlodinium convoltum	5,000～6,000

§5. 魚介類などへの影響

粘土散布による魚介類への影響はハマチや養殖クルマエビなどに関してはすでに鹿児島水試が報告[1),4)]している．

野外試験において行ったハマチ（1.3～1.5 kg），マダイ（150 g前後），メジナ（50～70 g）に与える影響を調べた結果を表10･3に示す．

その結果，粘土散布量が1,000 g以下では，ハマチ，マダイ，メジナともに嫌忌的行動およびへい死はみられなかった．

また，養殖クルマエビ（稚エビ）対する粘土散布の影響を調べるために，10 l

水槽において散布量ごとに観察した結果，2,000 mg / *l* の散布でも，24 時間後外観的異常はみられなかった．

表 10·3　粘土散布量ごとの魚類に与える影響（ハマチ，マダイ，メジナ）

粘土散布量			魚の状況
50 g / min / m^2	×5 min＝	250 g	異常なし
100 g 〃	×5 min＝	500 g	異常なし
200 g 〃	×5 min＝	1,000 g	異常なし
400 g 〃	×5 min＝	2,000 g	嫌忌的行動
800 g 〃	×5 min＝	4,000 g	嫌忌的行動
2,000 g 〃	× 5min＝	10,000 g	嫌忌的行動，背面に粘土付着

一方，往々にして環境の急変に対しては成体よりも卵で影響が懸念され，さらに同じ成体でも稚魚段階での影響が大きいことから，同様に鹿児島水試で試験を行った．これによると，マダイ受精卵で 2,000 mg / *l* 散布時には97.8％，4,000～8,000 mg / *l* で 87.5～88.0％の孵化率を示し，濃度が高くなるにしたがって孵化率低下の傾向が見られた．一方，稚魚に対しては，各濃度においても大差はなく，歩留まり 98.9～100％を示し，8,000 mg / *l* の範囲まで影響は出ていない．

これらのことから，通常の粘土散布，つまり *Cochlodinium polykrikoides* 赤潮に対して散布する粘土量，おおよそ 200～1,000 mg / *l* の範囲内ならば魚介類に対しての影響はないと考えられる．

§6．環境への影響

粘土散布が与える環境や生態系への影響はどの程度のものであろうか．

鹿児島県で散布している粘土は，薩摩郡入来町で産出され，降雨時には普段から川内川水系より多くの粘土が海洋へ流れ出ているものとはいえ，散布直後の pH の低下や底質への影響等未だ未解明な部分も少なくない．

ここでは，特に粘土のもつ凝集・沈降作用が水塊中の懸濁態物質に与える影響と散布により底泥表面に堆積した粘土層が，いわゆる「蓋」効果ををもたらし，それが物質循環に影響を与えうるかどうかを紹介する．

6·1　水質と底質への影響

粘土散布による水質と底質への影響をみるために，粘土濃度別に散布後の

pH，栄養塩および DO について調べた．試験に用いたコアサンプルは鹿児島湾奥部で採取した底泥に海水を重層したものを用い，それぞれの試験区について，散布直前と散布から一定時間後の直上水の変化について調べた．

また，pH に関しては前述したコアサンプル以外に，底泥を装填しない海水のみでの対照実験も併せて行った．

1）pH への影響　底泥を装填した場合と，していない場合における直上水の pH 変化を図 10・4 に示す．

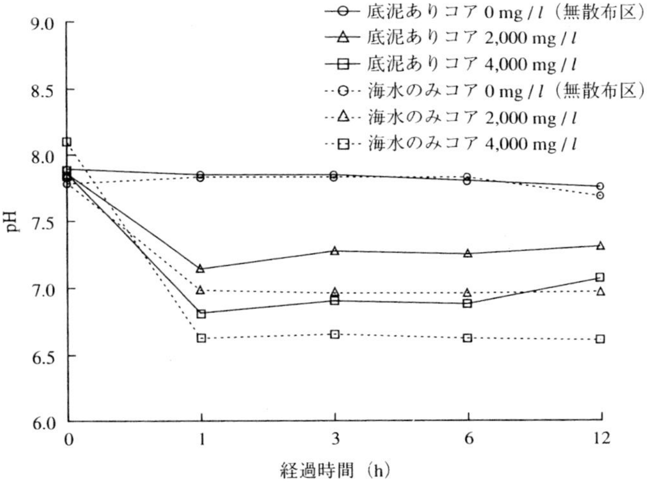

図 10・4　pH の経時変化

底泥を装填した場合の pH は，散布量に応じて散布直後に急激な pH の低下がみられる．しかし，その後は緩やかな回復傾向にあり，pH の低下は一過性のものと考えられる．一方，海水のみで行った場合でも，散布直後の急激な pH 低下がみられる．しかし，その後，底泥を装填した場合にみられたような pH の回復はみられない．底泥を装填したコアサンプルでみられる pH 回復の理由としては，底泥粒子のイオン交換能に基づく pH の緩衝作用が考えられる．

現場水域における実際の粘土散布量は 200～1,000 mg / l 程度であるうえ，2,000 mg / l の粘土散布においても，pH 変動は天然の河口域などでしばしば見られる変動幅の範囲内にある．さらにその後の pH の回復が期待されることから，粘土散布が水質の pH へ与える影響はないものと考えられる．

2） 栄養塩への影響　直上水の栄養塩濃度が底泥からの溶出に起因すると仮定[5)]したうえで，粘土散布による底泥表層の被覆が，栄養塩の溶出にどのように影響するかを調べた．

一般に栄養塩の挙動は，底泥中の間隙水から直上水への濃度勾配による拡散作用[5, 6)]によって起こると考えられる．

図 10･5 に示す NH_4-N についてみると，ほとんど濃度変化がみられない．このため，粘土散布が底泥からの NH_4-N の溶出を抑えるという効果はほとんどないと考えられる．

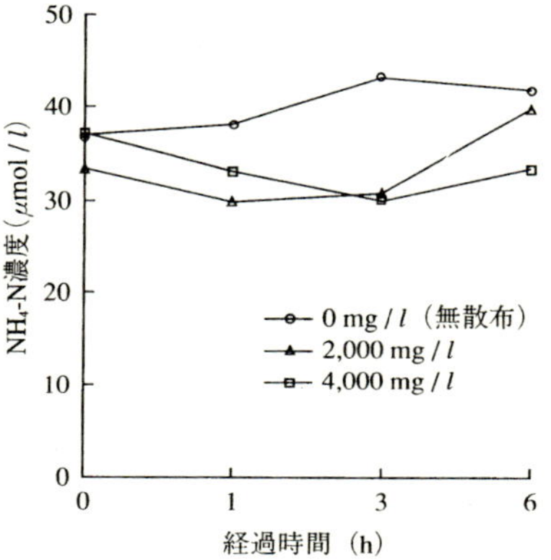

図 10･5　直上水中の NH_4-N 濃度

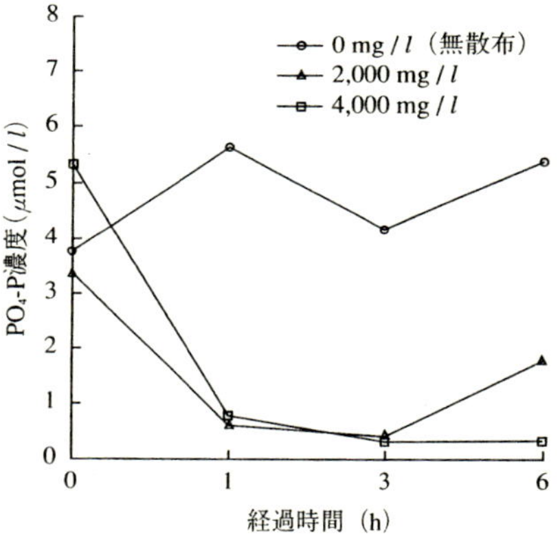

図 10･6　直上水中の PO_4-P 濃度

一方，図 10･6 に示す PO_4-P についてみると，無散布区で PO_4-P の濃度が増加傾向にあるのに対し，散布区の PO_4-P の濃度は粘土散布直後に急激な減少がみられる．その後，緩やかな増加傾向にあるものの，無散布区の濃度レベルに至ることはない．

これらのことから，粘土散布は NH_4-N の溶出にはほとんど影響しないが，PO_4-P の溶出には影響し得ることがわかる．しかしながら，散布された粘土がどのようなメカニズムで PO_4-P の溶出を抑えるのかは明らかになっていない．今後，粘土から溶出する Al との反応によるものかどうか含めて様々な角度から検討する必要がある．

3）粘土散布による底泥の DO プロファイルへの影響　粘土散布により底泥表層を被覆した粘土が，底泥と直上水間の物質循環に与える影響を調べるために図 10·7 に示す微小酸素電極を装着したプロファイラーを用いて境界層の DO 鉛直プロファイルを調べた．

近年ではこの微小酸素電極を用いた DO の微細分布が確立されつつある[6]．

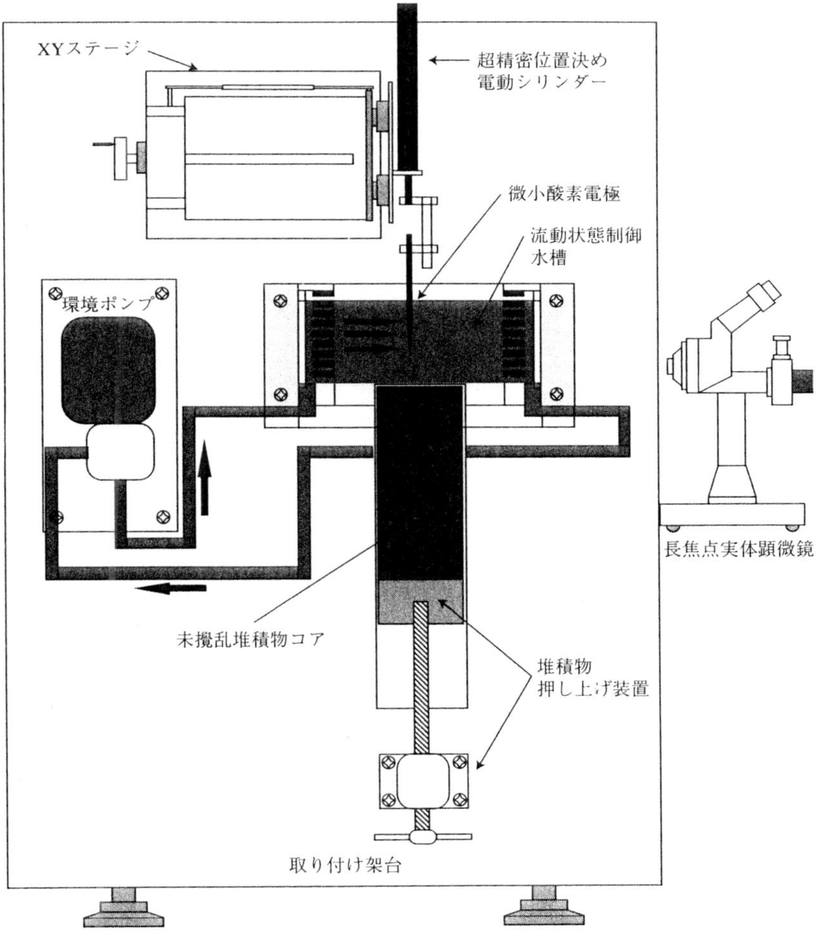

図 10·7　微小酸素電極を装着したプロファイラー構成図

直上水－底泥間の境界層および底泥の酸化層は，数 cm にも満たない極めて微細な空間である．しかしながら，そこでは溶存酸素濃度，栄養塩濃度，金属イオン濃度，微生物による代謝活性などが，数μm という層単位で極端に変動する．

ここで用いた微小酸素電極は，その精密さや微小な構造から，このような微細な空間における溶存酸素の測定に最も適している[7]．

さらに，循環ポンプを用いて水流を起こし，流速を調整することで現場とより近い状況下で測定を行うことが可能である．ただし，今回の DO 測定においては流速を与えない状態で行った．

図 10･8 に微小酸素電極を用いて測定した底泥境界層における DO の鉛直プロファイルを示す．

まず，直上水中の DO について注目する．境界層から 5 mm 直上の水では，無散布区において経過時間とともに著しい DO の減少がみられる．しかし，散布区における DO の減少はみられず，その変化は誤差の範囲に留まっている．これは，底泥表層における粘土の被覆が底泥の「蓋」効果として働いたために，底泥由来の酸素消費が押さえられたと考えられる．

興味深いことは，無散布区と散布区における DO 値を比較した場合，底泥から直上 1 mm の直上水中の DO 濃度に差がない（図 10･8 中，A と A'）のに対し，境界層における定時ごとの DO 濃度には大きな差がみられる（図 10･8 中，B と B'）ことである．このため DO の勾配（すなわち図 10･8 中の A－B，A'－B'）も散布区の方が大きい．

このことは，粘土散布による「蓋」効果が，微小な環境においてある程度はみられるものの，底泥全体の鉛直プロファイルを極端に崩すまでには至っていないことを示す．さらに，現場水域では粘土散布量が本実験よりも極めて少ない 1,000 mg / *l* 以下となることや，水流やバイオターベーションなどによる底泥の撹乱などの影響[8]を考慮すると，この程度の粘土散布によって底泥の無酸素化が引き起こされることは少ないと推測される．

6･2　環境への影響に対する評価

以上の結果から，先に懸念されていたような粘土散布が水質や底質に与える悪影響は極めて少ないものと考えられる．特に現場海域での散布量が 1,000 mg

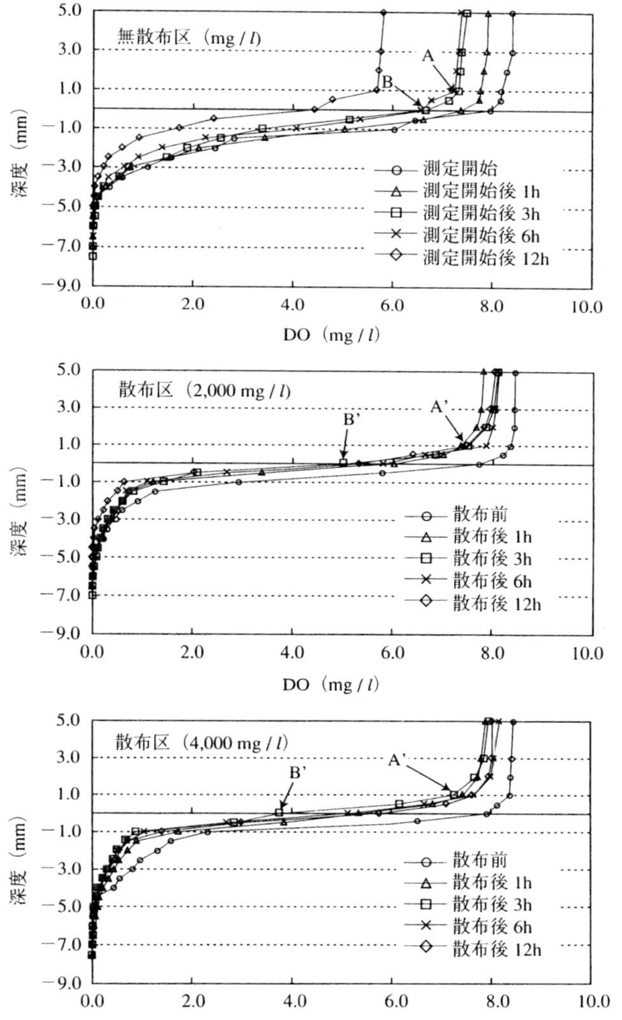

図 10·8　DO 鉛直プロファイルの経時変化

/ l 以下であることや，潮流などによる希釈，拡散などの物理的・地理的影響を考慮すると，今回の実験以上に粘土による「蓋」効果は低い．

しかしながら，粘土の栄養塩に対する吸着効果や，塩濃度の変化に対する粘土への水の浸透係数の変化などについては今後詳しく調べる必要がある.

また，一般に粘土散布を必要とする水域は，比較的富栄養化の進んだ環境であることが多く，そのような水域では，底層水の貧酸素化や底泥での還元層の発達など，劣悪な条件であることが多い．粘土散布を長期にわたって行う場合には，長期的な環境変動をも視野に入れたモニタリングも必要となってくるであろう.

§7. おわりに

陸上での砂漠化，海域における藻場の衰退やサンゴの白化現象などと同様，赤潮の発生は地球という生命体が人類に訴えるアラームであり，我々がこれらを受け入れることは当然の責務である.

そのためにこれまで多くの研究者がその原因究明に取り組み，現在では赤潮の発生が水域環境に深く関わっていることはすでに周知の事実であり，これを根本的に抑制するためには，汚染物質の海域への流入負荷を軽減させるべき[9)]であることは誰の目にも明らかである.

しかしながら，否応にも刻々と刻む経済活動の歯車は，資本の増大と同時にその代償として先に述べたようなツケをももたらしている.

目前に迫る赤潮により養殖業が存続の縁に立たされる時，その対策として水域に対する負荷軽減の努力だけを行えばよいという悠長なことをいってはいられない.

言い換えると，それらと平行して早急に何らかの赤潮防除対策をたてることが必要[9)]になってくるのである.

そのような中，現時点において即効性と費用対効果の面で *Cochlodinium polykrikoides* 赤潮などに対する決定的な赤潮防除対策が粘土散布以外にないうえに，この手法がすでに赤潮現場において定着していることはもはや誰も否定できない.

確かにこの赤潮除去の手法は，緊急対策的性格をもっており，赤潮発生の長期的な抑制を期待するものではないことはいうまでもないが，近年における餌料の高騰や魚価の低迷などに起因する逼迫した漁業経営を強いられている現在，この手法が存在する意義は，もはや漁業者にとって筆舌尽くしがたいものである.

持続的養殖業の発展と密接に関わる浜場環境，その狭間でこれまで多くの赤潮対策が考案されており，これから先もウイルスによる赤潮防除[10]をはじめ，微生物による赤潮除去，いわゆる環境に優しい赤潮除去の実用化が到来するかもしれない.

それらが実用化されるまで，粘土散布による赤潮防除は今後も漁家経営の安定と水産業の発展に寄与できることを期待する.

文　献

1）鹿児島県水産試験場：粘土散布による赤潮緊急沈降試験，昭和 55 年度赤潮対策技術開発試験報告書，2-（1），水産庁，pp.48-51（1981）

2）須藤俊男：粘土鉱物学，岩波書店，1974，pp.229-235.

3）代田昭彦：赤潮－発生機構と対策（日本水産学会編），恒星社厚生閣，1980，pp.111-116.

4）鹿児島県水産試験場：粘土散布による赤潮緊急沈降試験，昭和 56 年度赤潮対策技術開発試験報告書，1-（3），水産庁，p.30（1982）

5）前田広人：湖沼—浄化作用を中心にして－，湖とその集水域の物質動態⑤，琵研所報，55-66（1983）

6）代田昭彦：月刊海洋，**24**，No1，3-16（1992）

7）山　幹雄：海底境界層における有機物の分解・無機化と栄養塩のフラックス，海底境界層における窒素循環の解析手法とその実際，産業環境管理協会，51-96（2000）

8）L. D. Stott. *et al* : *Nature*, **47**, 21, 367-370（2000）

9）石田祐三郎：赤潮と微生物（石田祐三郎・菅原　庸編），恒星社厚生閣，1994，pp.9-10.

10）長崎慶三：赤潮と微生物（石田祐三郎・菅原　庸編），恒星社厚生閣，1994，pp.110-118.

11. 韓国沿岸における有害赤潮の発生と防除対策

金　鶴均 [*1]・裴　憲民 [*1]・李　三根 [*1]・鄭　昌洙 [*1]

§1. 赤潮発生と経済活動

韓国における有害赤潮は，2001 年にも 8～9 月にかけて南海岸と東海岸に発生した．この赤潮は 42 日間も続き，約 84 億ウォン [*2] に上る水産被害をもたらし，社会的経済的に大きな問題を惹き起した．韓国における赤潮現象は 1980 年代後半から頻発するようになり，最近ではほぼ毎年夏季に南海岸と東海岸の海域で発生している．韓国において“海”は，タンパク供給源として重要な水産物の生産の場であり，貿易にかかわる海運や国民の余暇活用の場として重要な役割を果たしており，今後もその重要性は増大するであろう．

世界の海の面積は 3.6×10^8 km^2 であり，赤潮が発生しうる大陸棚や汽水域および潮間帯海域は 2.8×10^7 km^2 と全体の約 8％を占めている．韓国においては，漁業が行われている海域の面積は約 90 万 km^2 であるが，赤潮が発生する大陸棚と沿岸内湾域の面積は約 25～45 万 km^2 と見積もられ，国土面積の 3～4 倍にも及ぶ．世界中の沿岸海域の生態的価値は，海洋生態系全体の評価推定額 17～23 兆ドルの約 43％と試算されている．人類の約 60％ が沿岸域に居住しており，世界中で 129ヶ国が海と接していることから，多くの国において人間の生活，経済，文化が海と関係しており，したがって，赤潮の発生に何らかの影響を及ぼしていると考えられる．

以上述べたように，沿岸域が人類の健康や経済生活に与える影響は大きく，今後もその影響は増大するであろうと予想される．特に半島国家である韓国の経済と文化にとって沿岸域のもつ意味は大変大きいので，沿岸環境への脅威となる有害赤潮の発生に対し重大な関心をもって対策を立てる必要があろう．

[*1] 韓国国立水産科学院

[*2] 2002 年 8 月現在，1ウォンは日本円の約 0.1 円に相当

§2. 韓国における赤潮発生記録と研究動向

2・1 歴史書に残された赤潮発生記録

韓国の歴史書における初期の赤潮発生に関して，数編の報告がなされている[1-4]．まず，李朝太宗 3 年（1403 年）の慶尚道と全羅道における赤潮記録があり[1]，また李朝正宗 1 年（1398 年）の慶尚道固城県の赤潮記録が見られる[2]．しかし，これらは李朝実録の記録のみを調査した結果である．一方，三国史切要と三国史記に記載されている新羅アダル王 8 年（161年）の“秋七月新羅蝗害穀海魚多出死”という記録を，最初の赤潮発生記録とする報告がある[3,4]．しかし，この 161 年の記録には水色の変化に関する言及がないので，魚のへい死と赤潮の発生の関連はない可能性があり，冷水塊の出現による異常な海洋現象に起因した可能性も考えられる．新羅宣徳王 8 年（639 年）の“秋七月新羅東海水赤且熱魚亀死”という記録，すなわち「東海の水が赤い色になって，高温で魚と亀が死んだ」が，水色変化に伴った最初の有害赤潮の発生記録と認められよう．このように，三国史記，三国史切要，高麗史，高麗史切要等の歴史書の記録から見て，新羅と高麗の時代に主に東海と南海において 8，9，10 月に，赤潮が多数発生していたと考えられる．

一方，李朝実録中の太祖実録，正宗実録，太宗実録には，比較的詳細に赤潮発生が記録されている．例えば，李朝太宗の時「慶尚道の機張の林乙浦から加乙浦に至るまで水色が黄，黒，赤色に変わって海が粥のような状態になり，鰒魚* と雑魚が全て死んで水の上に浮かび上がった（太宗 03 / 08 / 01 / 丙午）」という記録がある．このような記録を見ると，李朝時代にも，水色が赤く粥のような状態の高密度な赤潮が発生しており，特に水産生物をへい死させる有害赤潮が発生していたことが分かる[2]．

歴史書の記録を見ると，特に李朝時代の赤潮現象は主に春から夏にかけて発生しており，4～10 日間程度の継続日数であったという．そして，赤潮は局所的ではあるものの，蔚周から東来まで幅が約 20 里程度あるので，必ずしも小規模ではなく，また赤潮の海の色が血のようであり，密度が粥のようであったという表現から見るとかなり高密度の赤潮であったと判断される．同時に魚が死んだいう表現から見ると，渦鞭毛藻類等による有害赤潮であった可能性があり，

---

* アワビ

さらに臭気があったという報告からみると，細胞膜が薄い無殻の *Gymnodinium* 属の種が赤潮の原因生物であった可能性も想像される．

2・2　近年の赤潮の研究状況

韓国において赤潮という用語は 1960 年代になって使用され始め，赤潮研究自体も1960 年代以降，海洋浮遊生物研究の一環で進展した．赤潮調査に関する最初の報告は「鎮海湾の赤潮現象に関する研究」で 1967 年に出され[5]，1970 年代後半から赤潮研究は比較的活発に展開されるようになった[6−10]．1990 年以後には，赤潮の発生原因と被害防止対策にかかわる技術開発等の多様な研究が実施されてきている[11−13]．

赤潮研究を，研究内容を中心として時代別に区分すると，1960 年代～1970 年代までの研究は鎮海湾や統営沿岸を主な対象水域として，赤潮生物の分類，種組成，種遷移，生物被害と富栄養度，クロロフィル量（chl.-*a*）等の生物化学的な研究が行われた．1980 年代になると，赤潮生物の増殖生理，シストに関する基礎研究，麻痺性貝毒，植物プランクトンの群集動態と海底堆積物の有機汚染度，ならびに赤潮の移動に関する研究が実施された．1990 年代以後には，韓国の全沿岸を対象として 1980 年代までの研究内容に加え，現場設置型のメソコズムによる現場の生態研究[14]，赤潮と海洋バクテリアの関係，休眠胞子等の生物学的要因に関する研究がなされ，化学的な要因としては，富栄養度，クロロフィル量，有機汚染度，汚染負荷，ビタミン，脂肪酸等に関して調べられ，さらには駆除，および赤潮の移動と拡散予測に関する研究等，多様な展開が見られた[15]．

赤潮の被害対策に関連した研究を時代別に区分すると，1970 年代は赤潮生物の分類と動態に関する研究，すなわち基礎的な研究に重点が置かれた．1980 年代からは赤潮の監視と予察活動の強化を目指して，鎮海湾における赤潮のモニタリング研究，赤潮発生と環境特性，有害鞭毛藻類の毒性，増殖および環境生理学的研究等が活発に取り組まれた．さらに 1990 年代以後は，赤潮現象と被害の発生機構，および魚貝類の毒化現象に関する研究が活発に展開されている．

以上，説明してきたように，赤潮研究は 1967 年を始発点とし，1970 年代を「赤潮生物の分類研究時代」，1980 年代を「赤潮生物群集および変動機構の研究時代」，そして1990年代を「有害赤潮の被害対策の研究時代」と大別することができる．韓国では1980年代以後，赤潮関連の大型国策研究事業が国立水産振興院によって施行された．「韓国沿岸の赤潮発生の状況調査研究」，「赤潮生物の休眠胞子の研究」，「有毒プランクトンの分布生態と毒性研究」，「富栄養化および赤潮現象の究明に関する研究」，「赤潮の被害対策の研究」等があげられる．これら以外にも「鎮海湾の赤潮および汚染モニタリングシステム開発に関する研究」が実施され，また「韓国の動植物図鑑（海洋の植物プランクトン編）」[16]が発刊された．

赤潮に関する研究学術会議，セミナー，シンポジウム等の国内における開催状況を見ると，国立水産振興院は1987年7月2〜3日に「赤潮および漁場保全対策に関するシンポジウム」を，1990年11月9〜10日に「韓・仏赤潮セミナー」を，1997年12月5〜7日間には「韓・中赤潮学術シンポジウム」を開催してきた．2000〜2001年度には，韓国，日本，中国および米国の科学者の参加で「国際赤潮シンポジウム」が開催された．

§3. 近年の韓国における赤潮の発生状況

3・1 赤潮を引き起こす生物

赤潮現象を起こす海洋生物は，植物プランクトン，原生動物，細菌等があるが，植物プランクトンが主である．赤潮を起こす海洋植物プランクトンの種類数は研究者によって異なる．しかしその範囲は，Sournia 博士（フランス）による論文調査の結果，植物プランクトン種数は3,365 〜 4,024種[17]，これらの中で赤潮と関連がある種が全体の約6% の184〜268種で，渦鞭毛藻類が93〜128種，珪藻類中の羽状目（Pennales）が15〜38種であり，中心目（Centrales）が30〜63種とされている（表11・1）．

一方，日本では福代らにより「日本の赤潮生物」[18]として91属200種が報告されている（表11・1）．韓国においては金らが41属67種を報告し[14]，渦鞭毛藻綱の種類数が最も多かった（表11・1）．

貝毒原因種は，植物プランクトン種数の2% 程度の60〜78種で，中でも渦鞭毛藻類が45〜58種と優占的であった．全体的に生息プランクトン種の数が多いほど，赤潮プランクトンの種類は多い傾向があった．

韓国における赤潮原因プランクトンを表 11·2 に示した．主に植物プランクトンが赤潮を起こしており，その他では繊毛虫類 1 種（*Mesodinium rubrum*）のみが赤潮を引き起こしている．

これら赤潮を起こす植物プランクトンの中で，珪藻類としては *Skeletonema* 属，*Chaetoceros* 属が，鞭毛藻類には *Ceratium* 属，*Gymnodinium* 属，*Prorocentrum* 属，*Heterosigma* 属，*Noctiluca* 属，そして近年大規模にして深刻な魚類へい死被害を伴う赤潮を起こす *Cochlodinium polykrikoides* が知られている．一方，貝類毒化の問題では，麻痺性貝毒（PSP：Paralytic shellfish poisoning）を起こす *Alexandrium* 属，下痢性貝毒（DSP：Diarrhetic shellfish poisoning）を起こす *Dinophysis* 属，そして記憶喪失性貝毒（ASP：Amnesic shellfish poisoning）を起こすものでは *Pseudo-nitzschia* 属の種が報じられている．

赤潮を起こす生物を季節別に区別すると，春には *Skeletonema* 属，*Chaetoceros* 属の珪藻類が，初夏には *Heterosigma* 属，*Prorocentrum* 属の小型鞭毛藻類が，そして晩夏から秋までは大型の *Ceratium* 属，*Gymnodinium* 属，*Cochlodinium* 属の渦鞭毛藻類が出現し，赤潮を引き起こす．長期的な傾向としては，1995 年以降，南海岸と東海南部の沿岸域で渦鞭毛藻の *Cochlodinium polykrikoides* が常習的に大規模な赤潮を引き起こすようになっている．

表 11·1　世界の海洋における赤潮生物の属種数

分類区分	世界[17]	韓国[14]		日本[18]	
		属数	種数	属数	種数
合　計	3,365～4,024	41	67	91	200
藍藻綱（Cyanophyceae）	7～10	2	5	4	8
渦鞭毛藻綱（Dinophyceae）	1,514～1,880	17	34	26	70
珪藻綱（Bacillariophyceae）	1,170～1,299	15	21	37	85
ラフィド藻綱（Raphidophyceae）	11～12	2	2	4	9
クリプト藻綱（Cryptophyceae）	57～73	1	1	1	2
ハプト藻綱（Haptophyceae）	244～303	―	―	4	4
プラシノ藻綱（Prasinophyceae）	103～136	―	―	4	5
黄金色藻綱（Chrysophyceae）	97～129	2	2	6	6
緑藻綱（Chlorophyceae）	107～122	―	―	1	1
ユーグレナ藻綱（Euglenophyceae）	36～37	1	1	2	8
繊毛虫類（Ciliophora）		1	1	2	2
その他	1～23				

表 11·2 韓国における主要赤潮生物

門 (Division)	綱 (Class)	目 (Order)	赤潮生物種
Cyanophyta	Cyanophyceae	Chroococcales	*Anabaena flosaquae*
			A. spiroides
			Microcystis aeruginosa
Cryptophyta	Cryptophyceae	Cryptomonadales	*Chroomonas salina*
Dinophyta	Dinophyceae	Prorocenrales	*Prorocentrum balticum*
			P. dentatum
			P. micans
			P. minimum
			P. triestinum
		Gymnodiniales	*Cochlodinium polykrikoides*
			Gyrodinium fissum
			Gymnodinium mikimotoi
			Gym. sanguineum
			Pheopolykrikos hartmannii
		Noctilucales	*Noctiluca scintillans*
		Peridiniales	*Alexandrium affine*
			A. fraterculus
			Ceratium fusus
			Heterocapsa triquetra
			Lingulodinium polyedra
			Scrippsiella trochoidea
Chromophyta	Bacillariophyceae	Centrales	*Chaetoceros curvisetus*
			Leptocylindrus danicus
			Rhizosolenia alata
			Skeletonema costatum
			Thalassiosira allenii
			Th. conferta
			Th. lundiana
			Th. nordenskioeldii
		Pennales	*Asterionella* sp.
			Cylindrotheca closterium
			Pseudo-nitzschia pungens
			P.-n. seriata
			Navicula spp.
	Raphidophyceae	Raphidomonadales	*Chattonella* sp.
			Fibrocapsa japonica
			Heterosigma akashiwo
	Dictyochophyceae	Dictyochales	*Dictyocha fibula*
Euglenophyta	Euglenophyceae	Eutreptiales	*Eutreptiella gymnastica*
Ciliophora	Kinetofragminophorea	Prostomatida	*Mesodinium rubrum*

3・2　赤潮の発生時期と海域

韓国沿岸における赤潮は，1980 年代までは主に南海岸を中心に春から秋まで発生していたが，近年では韓国の大部分の沿岸域で春から秋まで発生が認められる．上述の *C. polykrikoides* による有害赤潮は，おおよそ毎年夏 8～9 月に発生している．このような赤潮発生水域について 1993～2001 年の変遷を図 11・1 に示した．東海南部，西海沿岸では間歇的に発生しているが，南海岸，特に鎮海湾とその周辺の麗水沿岸などにおいてはほぼ毎年発生している．

1978 年の鎮海湾でかなり規模の大きい *Gonyaulax* 赤潮が発生したが[7]，これを除き 1980 年以前の赤潮は，南，西海の閉鎖的な内湾において小規模且つ局地的に発生するだけであった．1981 年には *Gymnodinium mikimotoi*（当時は *Gymnodinium* type-'65 と呼ばれていた）による赤潮が鎮海湾において大規模に発生した[2, 19]．しかし 1982 年以降は，大規模発生はなく局部的発生のみで推移している．1989 年からは *C. polykrikoides* の発生による魚介類養殖に大規模な被害が発生し始めるようになった．

C. polykrikoides による有害赤潮は，1995 年に南海，東海の全沿岸の水域に広域的に発生した（図 11・1）．それ以後，韓国の南，西海岸と東海の南部沿岸，特に閉鎖性の強い内湾である鎮海湾，忠武沿岸，カマク湾，光陽湾，温山湾などは勿論，江原道の沿岸にまで 発生が及んでいる．韓国沿岸海域における赤潮の発生状況を概括すると，1980 年代までは一部の閉鎖性の強い内湾で小規模且つ局地的に発生していたが，1990 年代以降になると西海，南海，東海の全沿岸の 水域に広域化し始めたといえる．特に 1989 年以降は有害性の高い *C. polykrikoides* の赤潮が広域的に，また長期間発生し，大規模な水産被害が発生するようになった．

このように韓国の沿岸水域では，1990 年代の後半以後には有害赤潮が大規模に発生するようになり，また養殖生物だけでなく天然の生物にまでへい死被害が及ぶようになっており，その被害は今後も続くものと予想される．特に近年では，水質の富栄養化，および海底堆積物の汚染が進行しており，さらにシストや休眠胞子の確認と相俟って，常習的に赤潮が発生する状況にあるといえよう．作り育てる漁業を育成しようとする韓国の水産行政にとって，赤潮は大きな脅威となっている．

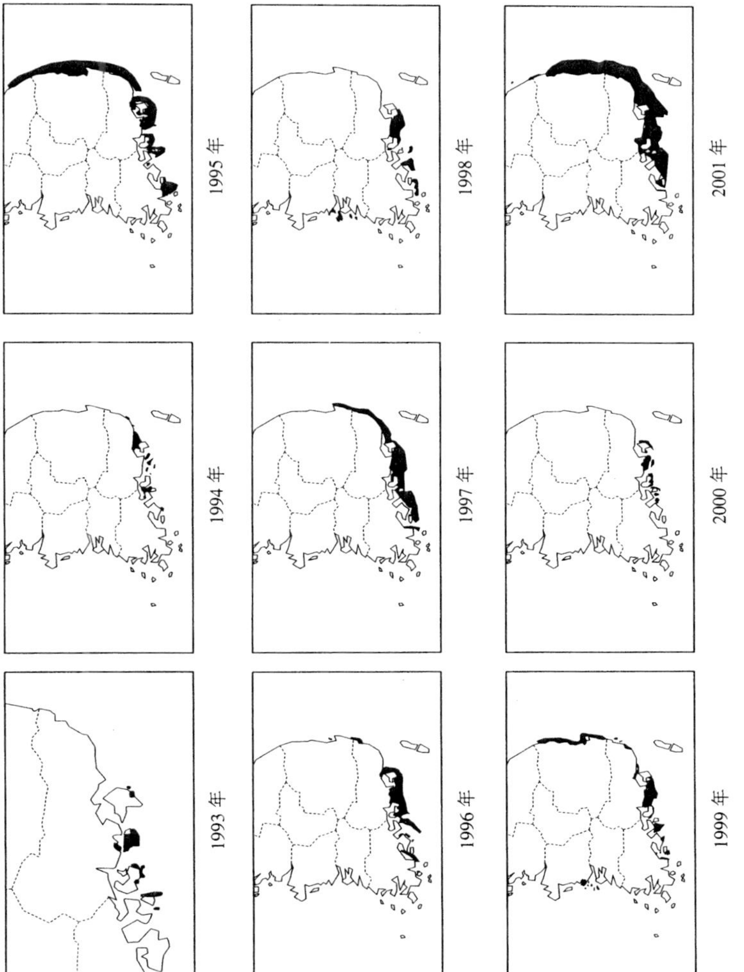

図 11·1　韓国沿岸における赤潮の発生海域の変遷（1993-2001）．

§4. 赤潮の当面の問題点と対策

4·1 赤潮被害の発生と経済的損失

1995 年を契機として以後，韓国の赤潮は広域化，常習化，高密度化，有害化，および長期化している．それらに加え，新しい赤潮種も発生するようになり，社会経済的に問題が深刻となっている．1978 年以後の韓国沿岸における有害赤潮で比較的被害の大きいものは，1978 年[7)] および 1981 年[8, 9)] に引き起こされており（表 11·3），水産被害額は当時の額で各々 23 億ウォンと 17 億ウォンであった．その後 1992 年には渦鞭毛藻の *Gyrodinium* sp. nov. の赤潮による養殖被害が発生し，その金額は 194 億ウォンに上った．1995 年には，未曾有の大規模な *Cochlodinium polykrikoides* 赤潮が南海と東海沿岸に約 2 ヶ月間も継続発生し，韓国の史上最高額である 764 億ウォンもの水産被害がもたらされた．本種による赤潮はその後も被害を与え続けており，1999 年に約 3 億ウォンの魚介類へい死を起こし，2001 年には 8 月 14 日に南海岸の羅老島の沿岸で最初に発生が確認された後，南海岸だけでなく東海岸の蔚珍郡竹辺沿岸にまで拡大し約 84 億ウォンの水産被害が発生した（表 11·3）．

以上述べてきたように，赤潮による水産生物の被害は毎年増加している．有害赤潮の出現頻度は増加傾向にあり，赤潮発生の海域も広域化しており，水産

表 11·3　韓国沿岸の赤潮による水産被害（単位：億ウォン）

年次	赤潮生物	被害額	被害生物	被害場所
1978	*Ceratium fusus*	23	貝　類	鎮海湾
1981	*Gymnodinium mikimotoi*	17	貝　類	鎮海湾
1989	*Cochlodinium polykrikoides*	6	魚　類	統　営
1990	*Gymnodinium mikimotoi* *Cochlodinium polykrikoides*	14	魚　類	統営，南海
1991	*Cochlodinium polykrikoides*	－	魚　類	南海郡
1992	*Gyrodinium* sp.	194	魚　類	統営，固城，巨済
1993	*Cochlodinium polykrikoides*	84	魚　類	統営，固城，巨済
1994	*Cochlodinium polykrikoides*	3	魚　類	巨　済
1995	*Cochlodinium polykrikoides*	764	魚　類	南・東海岸
1996	*Cochlodinium polykrikoides*	21	魚　類	南・東海岸
1997	*Cochlodinium polykrikoides*	15	魚　類	南・東海岸
1998	*Cochlodinium polykrikoides*	1.6	魚　類	南海岸
1999	*Cochlodinium polykrikoides*	3.2	魚　類	南・東海岸
2000	*Cochlodinium polykrikoides*	2.5	魚　類	南海岸
2001	*Cochlodinium polykrikoides*	84	魚　類	南・東海岸

被害がほぼ全国の沿岸域で発生し地域経済に甚大な打撃を与えている．このように有害赤潮による被害を受けている海域は，一般に生産性が高く，多様に活用されている沿岸海域であるので，有害赤潮は経済的のみならず人間活動自体をも萎縮させるような影響を及ぼしている．しかし有害赤潮の移動性と拡散性，発生予測の難しさ，種が海底に潜伏していること，新しい有害種の出現，大規模化，積極的な対処手段が未完成であることなどにより，問題の解決は困難な状況にある．

4·2　赤潮被害防除の対策

韓国における赤潮対策は，赤潮発生前の予防的管理（precautionary management）と赤潮発生後の緊急管理（emergent managenment）とに分けることができる．赤潮発生前の予防的手段として，有害赤潮の監視予察網の構築と迅速な予報（observation network and prediction）体制の確立，赤潮発生の際の早期警報システム（early warning system）および，赤潮被害を軽減させるのに必要な，例えば養殖場における魚類放養密度の抑制，飼料供給量の縮減，予備の備蓄海水の確保等がある（表 11·4）．

表 11·4　韓国の赤潮被害防止技術の区分

区　分	赤潮発生前の予防的手段	赤潮発生後の緊急管理手段
被害軽減技術	赤潮予察監視網の構築	赤潮移動拡散予報
	発生の迅速予報	赤潮注意報および警報体制運営
	被害発生の早期予測と予報	赤潮の漁場流入遮断と液化酸素供給
	魚類の放養密度調節	生簀の移動，外海への待避
	飼料供給量の縮減	底層水の表層散布
	予備の備蓄海水の確保	生餌料の供給中断
赤潮制御技術	海流循環促進	黄土散布（吸着沈降）
	栄養塩類の流入遮断	赤潮生物の除去（生物除去機）
		生物保護幕設置（赤潮防止幕）

赤潮が発生した際の緊急対策手段として，赤潮の移動と拡散の予報，赤潮海域からの養殖生物の避難，黄土散布等による赤潮生物の密度の減少，あるいは除去等があげられる．このように緊急対策手段は赤潮被害軽減措置と赤潮生物の制御に分けられる．以上紹介した赤潮対策技術を，養殖生物の積極的な保護手段である赤潮被害の被害軽減技術（impact prevention）と，赤潮生物の制御

(HAB control) 技術に分けて，以下に説明したい.

1） 赤潮発生の早期予報システム　有害赤潮が発生する前に有用水産生物の資源を保護し，海洋生態系の破壊と損害を最小にするための措置として，赤潮予察の監視網の構築，赤潮発生の予測，赤潮被害発生の時の早期予報，養殖魚類の放養密度の調整，飼料供給量の減縮，および陸上水槽養殖場における予備の備蓄海水の確保などがある.

赤潮予察のための監視網の確立は，赤潮発生海域の地形的特性，養殖漁場の分布，調査人員と 調査機器資材などを考慮し，調査定点と調査頻度を決める必要がある. 韓国沿岸においては，現在 3～11 月にかけ，約 160 個所の定点で，赤潮生物計数用および環境要因の分析用の試料を採集している. 調査頻度は，過去の赤潮発生記録を基に，毎日，週単位，月単位調査の 3 段階に分けて実施されている. 毎日調査する定点は，過去 5 年の間に，毎年有害赤潮が発生した場所と，現在も有害赤潮が発生し続けている所である. 週単位で調査する場所は，過去 5 年のうち，3 年間赤潮が発生した場所を対象にしている.

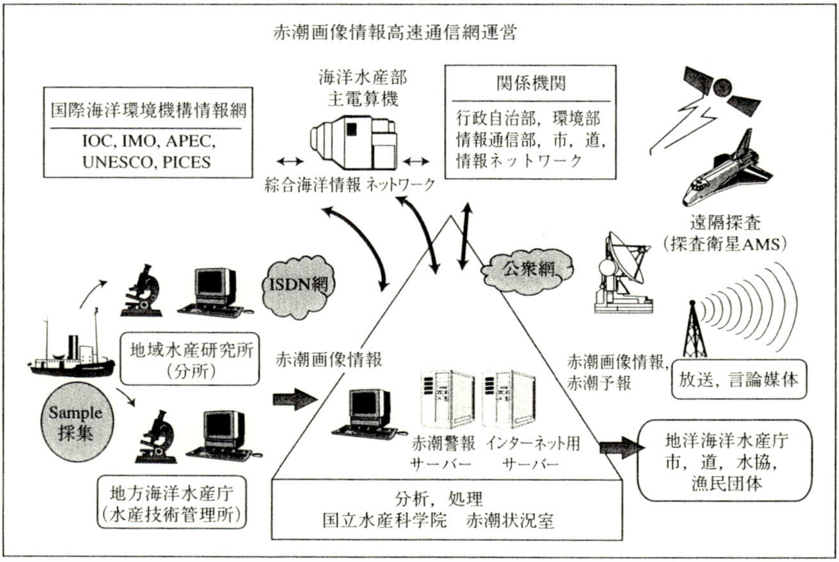

図 11･2　韓国における赤潮画像情報の高速通信ネットワーク

有害赤潮が発生する時期と場所を予測し，漁業者に通報することができれば，赤潮発生時の被害を大幅に軽減することが可能である．韓国では有害赤潮の発生予報のため，現在まで最も大きい水産被害を与えている *Cochlodinium* 赤潮を対象に，発生が予想される海域で精密調査を実施している．調査の結果，環境条件が *Cochlodinium* 赤潮の発生に適している場合は発生予報を行い，*Cochlodinium* の密度が 300 cells / m*l* を越えると赤潮注意報を発令する．

さらに，分類の専門家と調査員が不足していることから，赤潮情報を迅速かつ多方面へ伝達，送受信するため，赤潮画像情報網を構築した．このシステムは，地域研究所，分所，海洋地方局，ならびに中央で，採集した赤潮試料を顕微鏡下で観察しながら画像を本院の赤潮状況室へ送るシステムであり，赤潮生物の種同定に加え，被害軽減のための画像会議も可能である（図 11・2）．

以上のような赤潮監視と予報と並行し，養殖漁場においては赤潮発生後の被害を最小限に抑えるため，養殖魚の放養密度を適正水準に低く保って飼料の供給量を減少させ，赤潮発生時の魚の耐性を強化する努力がなされている．特に生餌料中の易分解性有機物質を，赤潮の原因となる渦鞭毛藻類の幾つかの種が直接利用できるので，赤潮が発生すると予想される海域では生餌料の供給を抑制するように指導が行われている．

2）赤潮発生後の被害軽減の対策　赤潮生物の駆除に粘土が有効であるという報告がなされて以来[20, 21]，韓国においても検討がなされ，1985 年に慶北永川産の粘土を使用して 渦鞭毛藻 *Prorocentrum triestinum* に対する駆除実験の結果，約 80％ が除去される効果があるという研究結果が報告された[22, 23]．しかしながら，粘土の使用は普及しなかった．1995 年に空前の大規模な赤潮が発生し，赤潮被害が社会経済的な大きな問題となった．以後 1996 年より，赤潮駆除の重要な手段として，粘土の一種である黄土を積極的に散布するようになった．

黄土を散布した場合，黄土のコロイド粒子が赤潮生物を凝集吸着する性質をもっており，これによって赤潮を凝集沈降させて駆除できる．黄土の主要成分は，珪素，アルミニウム，鉄等であり，駆除効率はこれらの金属イオンの構成比によって大きく異なる．一般にアルミニウムと鉄の含量が高い程，黄土の赤潮駆除効率が高くなる．黄土を用いた赤潮生物の駆除効果について検討した結果を表 11·5 に示した.

表 11·5　黄土を用いた赤潮生物の密度別，時間別の駆除効果（黄土の投入量：10g / l）

赤潮生物密度（cells / ml）	黄土処理時間		
	散布直後	30 分後	60 分後
100～500	40～50%	74～76%	80～83%
500～1,000	50～55%	76～78%	85～88%
1,000～3,000	55～65%	74～85%	84～92%

黄土の粒子の大きさによっても駆除効率に差があり，径 50 μm 以下に粉砕された黄土の駆除効率が最も高く，また赤潮生物の密度が高いほど駆除効率も高くなった．現在，黄土を海水と混合粉砕し，赤潮が発生した水域において正確に散布できる黄土散布機が開発され，実際に使用されている（図 11·3）.

図 11·3　黄土散布機を用いた黄土の散布

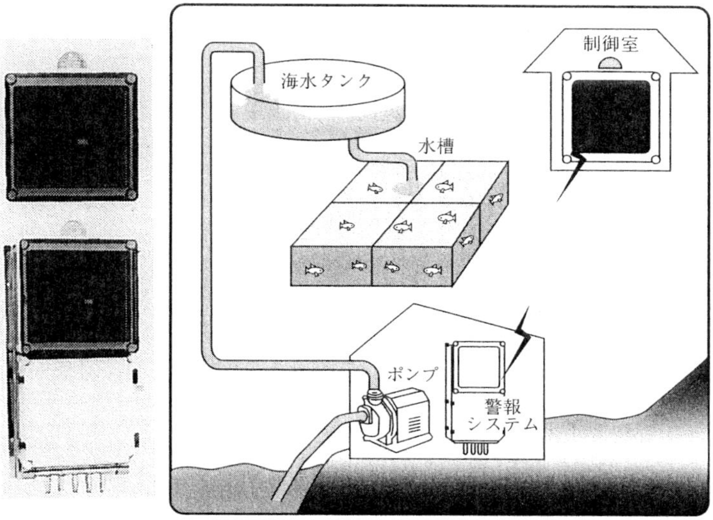

〈陸上養殖場用の赤潮警報装置の構成〉

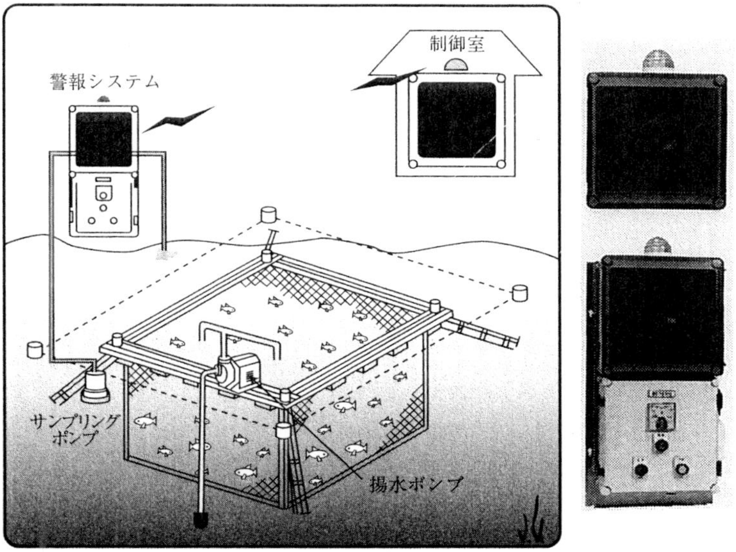

〈海上生簀養殖場用の赤潮警報装置の構成〉

図11·4 陸上および海上における赤潮警報機の適用

黄土は海水中で窒素やリンを吸着し，またアカガイ漁場に散布した場合，アカガイのヘモグロビン濃度が増加するといった生理機能向上の報告もあるが，黄土の過剰散布は生態系に少なくない影響を与える可能性があるので，注意する必要がある．現在，このような生態系への影響に関する研究が推進されている[15]．中国においても皎州湾で黄土の一種である粘土の散布試験が最近行われたが，赤潮の駆除効果が認められたという．そして米国やカナダ等の国からもかなり高い関心が寄せられている．黄土は海洋生態系に与える毒性的な影響が相対的に少ないので，最も環境に悪影響が小さい物質と評価されている．その他に，天敵生物，酵素，植物の抽出物質等を用いた，生物学的な赤潮防除技術を開発する努力が傾注されている．しかしながら，実用化に必要な大量生産性と経済性の問題が未解決のままである．

陸上水槽式の養殖場の場合，赤潮による被害を防止するためには赤潮生物が含まれた海水の引入を遮断する必要がある．国立水産科学院では，赤潮生物感知センサーが装着されており，海水の流入が調節できる赤潮警報装置を開発した（図11·4）．赤潮警報装置は，赤潮が養殖場の周辺に接近した時，昼は警報音により，夜は警報音と点灯，さらには携帯電話で赤潮の接近を管理人に警報するというものである．陸上養殖場の場合，自動的に海水の引入を中断し，さらに溶存酸素が供給できるよう制作されている．一方，海上生簀養殖場に設置されたものの場合は，警報と同時に底層海水を汲み上げて生簀内の表層に噴射させ，赤潮濃度を希釈させることにより，魚類のへい死被害を低減するように作られている（図11·4）．

§5．結　論

今後も，赤潮は継続的に発生し，海洋の生産活動を妨げ，人間の健康にまで脅威を与えると予測される．特に韓国においては，作り育てる漁業を育成させなければならない時代的かつ社会的な使命がある．したがって，どのような技術をどのように開発し，関連する海洋環境の保護政策をどのように行うかは，非常に大切な問題である．このような問題を解決するため，世界的に赤潮対策が進んでいる米国，日本および韓国の 3ヶ国について以下に事例をあげて解説し，その将来的な解決の方向性を模索してみる．

米国の東部沿岸のニューヨークにあるロング・アイランド島においては，1950 年代に緑藻が頻繁に大発生してカキ養殖業に被害を与え，さらには景観の悪化を招くことによって社会的な問題になった．州政府では，このような赤潮の発生を根本的に防止するため，湾口の拡張工事を行って外海への拡散を促進させた．また陸からの流入汚染負荷を減少させるため，周辺のアヒル飼育場を減少させ，汚染規制の措置を厳しく実行した結果，1960 年代以後はこの赤潮の発生は急速に減少した．

日本の瀬戸内海は，1970 年代には年間約 300 件程度の赤潮が発生する「赤潮多発海域」であり，特に 1972 年には *Chattonella* 赤潮による水産被害が 71 億円にも上り「赤潮訴訟」が起こるなど，赤潮が社会問題となっていた．このような背景から，1973 年に「瀬戸内海環境保全臨時措置法」が制定され，5 年後には「瀬戸内海環境保全特別措置法」として恒久的な法整備がなされた．赤潮の発生を根本的に防止するために必要な総量規制制度と，これらの法によるCOD 削減目標が導入適用され，海域への影響の大きい利用行為を抑制した結果，1990 年代には赤潮発生件数は年間 100 件程度に減少し，1970 年代と比べて約 1/3 の水準になった．

韓国の南海と東海の南部沿岸においては，1995 年から *Cochlodinium polykrikoides* による赤潮の被害が毎年秋季に発生し，社会的経済的に大問題となっている．このような水産被害を防止するため，1996 年より赤潮の発生海域に黄土を散布して赤潮生物を沈降除去させている．また赤潮発生と移動拡散の状態を監視し，漁業者へ迅速に通報する早期警報システムを構築し運営している．その結果，1995 年に 764 億ウォンであった水産被害が 2000 年度には約 2 億ウォン程度にまで減少している．

以上述べた 3 つの事例の中，米国と日本の場合は陸上からの流入負荷を顕著に減少させることによって，赤潮発生を根本的に予防する措置を行って成功した事例である．韓国の場合は，赤潮発生後に赤潮被害を最小化させた例である．結論として，赤潮対策は陸上と海上の汚染負荷量を最小にする根本的な方向を目指さねばならない．そして，国家間で情報を交換しながら，最も適切な対策を求め確立すべきである．

文　献

1）李　光雨・南　基樹・許　亨澤：韓国科学技術研究所附設海洋開発研究所報告書，BSPE00022，43，1980，7pp.

2）金　鶴均・李　三根・安　京鎬：韓国沿岸の赤潮，国立水産振興院，1997，280pp.

3）韓　相復：三国時代（BC 57-935）の赤潮現象，韓水薫自然環境研究院，1997，18pp.

4）S. B. Han : *Proceedings of Korea-China Joint Symposium on Harmful Algal Blooms*, Pusan Korea, 1998, pp. 34-43.

5）J. S. Park and J. D. Kim : *Bull. Fish. Res. Dev. Agency*, **1**, 63-79（1967）.

6）C. H. Cho : *Bull. Korean Fish. Soc.*, **11**, 111-114（1978）.

7）C. H. Cho : *Bull. Korean Fish. Soc.*, **12**, 27-33（1979）.

8）朴　周錫・金　鶴均・李　弼容：海洋汚染と赤潮調査指針，国立水産振興院，1985，297pp.

9）J. S. Park, H. G. Kim and S. G. Lee : *Bull. Fish. Res. Dev. Agency*, **41**, 1-36（1988）.

10）朴　周錫・劉　光日・金　奉安：赤潮生物の Cyst に関する研究，科学技術処特定研究開発事業研究報告書，1989，63pp.

11）金　鶴均・朴　周錫・金　奉安：赤潮発生機構と有毒性 plankton に関する研究，水振事業報告，117，1994，130pp.

12）金　鶴均・朴　周錫，李　弼容：富栄養化と赤潮現象糾明に関する研究，環境処科学技術処特定研究開発事業研究報告書，1995，254pp.

13）S. G. Lee, J. S. Park and H. G. Kim : *Bull. Fish. Res. Dev. Agency*, **48**, 1-23（1993）.

14）金　鶴均・朴　周錫・李　三根・安　京鎬：韓国沿岸の赤潮生物，国立水産振興院，1993，97pp.

15）金　鶴均・韓　相復・鄭　海鎮・裴　憲民：赤潮被害対策研究，海洋水産部水産特定研究開発事業報告書，1999，527pp.

16）沈　載亨：韓国動植物図鑑，第 34 巻植物編（海洋植物 plankton），1994，487pp.

17）A. Sournia : *In* "Harmful Marine Algal Blooms"（ed. by P. Lassus, G. Arzul, E. Erard, P. Gentien and C. Marcaillou eds.），Lavoisier / Intercept, Paris, 1995, pp.103-112.

18）福代康夫・高野秀昭・千原光雄・松岡数充（編）：日本の赤潮生物，内田老鶴圃，1990，407pp.

19）J. S. Park : *Bull. Fish. Res. Dev. Agency*, **28**, 55-88（1986）.

20）代田昭彦：赤潮-発生機構と対策（日本水産学会編），恒星社厚生閣，1980，pp.105-123.

21）代田昭彦：赤潮現象と漁場保全，赤潮現象と漁場保全対策に関するシンポジウム結果報告書，国立水産振興院，1987，pp. 129-163.

22）金　鶴均：水振研究報告，**39**，1-6（1986）.

23）金　鶴均：赤潮被害と防止対策，赤潮現象と漁場保全対策に関するシンポジウム結果報告書，国立水産振興院，1987，pp. 115-128.

水産学シリーズ〔134〕　　定価はカバーに表示

有害・有毒藻類ブルームの予防と駆除
Prevention and Extermination Strategies Harmful Algal Blooms

平成14年11月15日発行

編　者　広石伸互
　　　　今井一郎
　　　　石丸　隆

監　修　社団法人 日本水産学会
〒108-8477　東京都港区港南 4-5-7
東京水産大学内

発行所　〒160-0008
東京都新宿区三栄町8
Tel 03（3359）7371
Fax 03（3359）7375
株式会社 恒星社厚生閣

出版委員
青木一郎　落合芳博　金子豊二　兼廣春之
櫻本和美　左子芳彦　瀬川　進　関　伸夫
中添純一　門谷　茂

水産学シリーズ〔134〕
有害・有毒藻類ブルームの予防と駆除
(オンデマンド版)

Digital Publishing

2016年10月20日発行

編　者　　広石伸互・今井一郎・石丸 隆
監　修　　公益社団法人日本水産学会
〒108-8477　東京都港区港南4-5-7
東京海洋大学内

発行所　　株式会社 恒星社厚生閣
〒160-0008　東京都新宿区三栄町8
TEL　03(3359)7371(代)　FAX　03(3359)7375

印刷・製本　　株式会社 デジタルパブリッシングサービス
URL　http://www.d-pub.co.jp/

AJ598

ISBN978-4-7699-1528-7　　Printed in Japan